Geulnuri
2020-C-01

직류회로 신개정판
이론 및 실험

이일근 저

글누리 HNU

머·리·말

본 직류회로실험은 2년제 또는 4년제 대학의 컴퓨터, 전기, 전자, 통신, 마이크로파 공학 등을 전공으로 하는 학생들이 가장 먼저 접하게 되는 과목으로서, 최신 전기회로에 대한 이론 및 실험의 개념을 학생들이 쉽고 재미있게 이해하고 활용할 수 있도록 하였다.

본 교재는 다음과 같은 특징을 가진다.

(1) 직류회로 이론 및 실험에 꼭 필요한 주제들을 선정하여, 관련 부분에 대하여 주제별로 한 주에 한 장을 완성할 수 있도록 구성하였음.

(2) 주제별 실험과정 및 결과의 이해도를 높이기 위하여 컴퓨터 시뮬레이션 부분을 주제에 따라 추가하여 실험을 진행하도록 하였음.

(3) 필요에 따라 주당 2시간 또는 3시간 실험 수업을 할 수 있도록 고려하였음.

(4) 사정에 따라 컴퓨터 시뮬레이션 부분은 실험에 포함시킬 수도 있고, 배제할 수도 있도록 유연성 있게 각 장별로 구성하였음.

CONTENTS

CONTENTS

실험 0

실험의 기초 및 PSpice 개요

1. 실험의 기초

(1) 실험(Experiment)의 정의

- 학문적 이론을 실제적으로 증명 하는 것
- 새로운 이론을 만들어 내기 전에 거쳐야 하는 중요한 과정

(2) 실험의 목적

- 학문의 실증
- 과학적 고찰과 탐구 및 기술의 습득

※ 따라서 실험과제에 대한 철저한 예비준비, 결과의 면밀한 분석과 고찰 및 끊임없는 반복이 필요하다.

(3) 실험을 위한 계측기 사용법

- 기본 원리를 이해
- 전체적인 블록 다이어그램 이해

(4) 오차(Error)

- 측정치(M)와 참 값(T)

· 절대 오차 (Absolute error) : $\Delta = |M - T|$ 사이의 차이

· 백분율 오차 (Percentage error) : $\varepsilon = \dfrac{M - T}{T} \times 100\%$

※ 본 교재에서는 이론치(참 값)와 실험치(측정치)의 분석을 위해서 위의 두 종류의 오차를 합친 형태의 백분율인 절대 오차를 주로 사용할 것이다.

(5) 오차의 종류

측정 시 발생하는 오차에는 여러 종류가 있다. 이때 발생하는 오차를 제거하거나 감소시키기 위해서는 오차의 종류와 특성을 알아야 한다.

1) 과실적 오차 (Mistaken error)

- 잘못된 읽음, 기록 잘못, 기타 부주의로 발생

- 주의 깊은 측정에 의해 감소 가능

- 여러 번의 측정 필요

2) 계통적 오차 (Systematic error)

- 조사에 의해 확실히 알아낼 수 있는 원인에 의해 발생

- 보정에 의해 제거 가능

i) 이론적 오차

- 전류계와 전압계로 저항 측정 시 부하에 가깝게 접속된 전압계의 부하효과 (Loading effect)에 의해 발생

- 전류계 또는 전압계의 내부저항을 알아 오차의 크기를 산출하여 계기 읽음을 보정

<예> 전압계와 전류계의 내부저항 및 부하효과

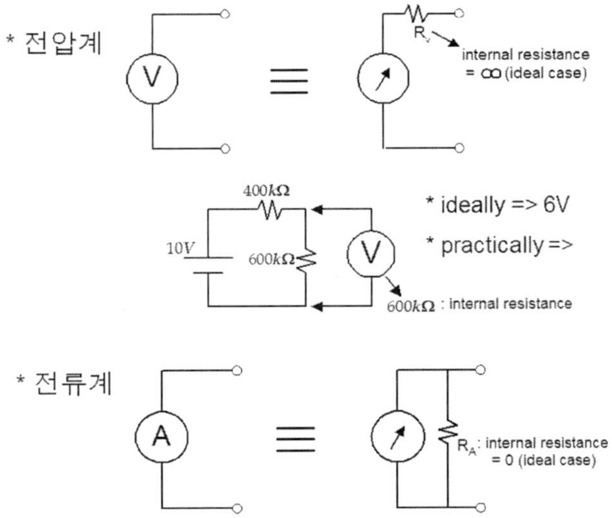

【그림 0-1】

ii) 계기적 오차

- 계측기 고유의 오차와 계측기 이상으로 발생

- 교정시험으로 제거 가능

iii) 개인적 오차

- 관측자의 버릇으로 인해 발생

- 관측자 수의 증가 또는 관측자의 훈련을 통해 제거 가능

ⅳ) 환경적 오차

- 외부자계 또는 온도 특성 등에 의한 오차

- 외부자계에 의한 오차는 적절한 자계차폐 또는 측정기 회전으로 감소 가능

- 온도 특성에 의한 오차는 실온과 계기의 온도계수를 알아 보정 실시 가능

3) 우발적 오차 (Accidental error)

- 측정조건의 세세한 변동이나 관측자의 주의력 동요 등에 기인

- 원인을 찾아내기 힘들고, 교정 또는 보정으로 제거 불가능

- 측정값을 통계적으로 취급하여 구함

〈예〉 최소자승법칙

2. PSpice 개요

(1) PSpice 소개

PSpice란 전기 및 전자회로 시뮬레이션(Simulation)에 가장 많이 사용되는 프로그램 중의 하나로서, Professional Simulation Program with Integrated Circuit Emphasis의 약자이다. PSpice는 미국 UC Berckley에서 1972년에 워크스테이션용으로 개발된 Spice라는 전기 및 전자회로 시뮬레이션 프로그램을 MicroSim이라는 회사에서 개인용 컴퓨터용으로 개량하여 1984년에 출시하였다. MicroSim은 1998년에 OrCAD라는 회사에 팔리게 되고, 다시

OrCAD는 2000년도에 Cadence라는 회사에 합병되었다. 이러한 과정을 거치며 PSpice는 OrCAD의 회로 작성 프로그램인 OrCAD Capture, PCB 설계 프로그램인 OrCAD PCB Editor 등과 함께 패키지 형태로 판매되고 있다.

본 교재에서는 16.6 버전의 OrCAD Demo 프로그램 내 PSpice 프로그램을 예로 들어 설명하고 있으며, 기타 다른 프로그램에 익숙한 독자들은 각자의 편의대로 회로 시뮬레이션을 위해 사용할 수 있도록 하였다.

(2) PSpice 설치 방법

1) OrCAD 데모 다운

① 그림 0-2와 같이 OrCAD 사이트(www.orcad.com)에 접속 후 Resources에 OrCAD Downloads를 클릭하면, Demo 버전을 다운 받는 링크가 나타난다.

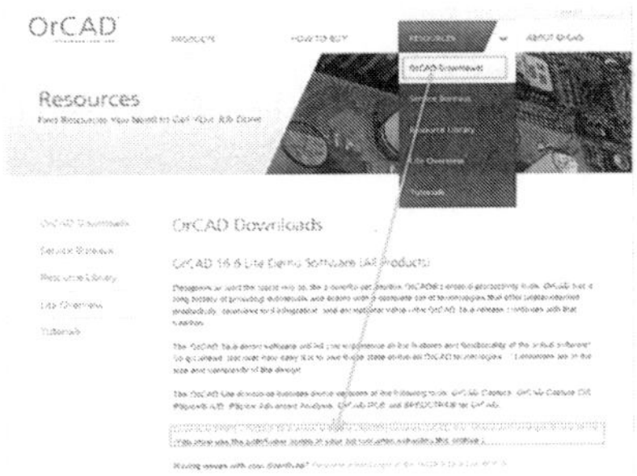

【그림 0-2】

② 링크를 클릭하면 그림 0-3과 같은 기입란이 나타나는데 각 란에 맞는 정보를 작성 후 SUBMIT 버튼을 누르면 기입 시 작성된 E-mail로 OrCAD를 다운 받을 수 있는 링크가 발송 된다.

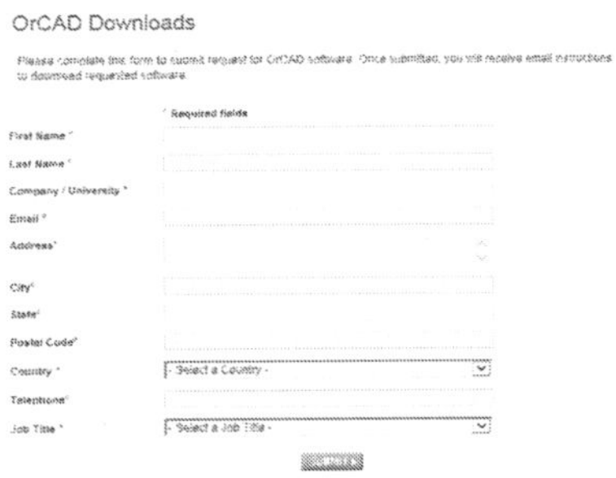

【그림 0-3】

※ OrCAD 사이트 내의 동영상 및 자료가 필요한 경우 Resources에서 Resource Library를 누르면 OrCAD 동영상 및 자료가 제공된다.

2) OrCAD 설치

① E-mail로 첨부된 파일을 다운 받은 후 설치 파일의 압축을 푼다.

② 압축을 푼 경로에서 Disk1 폴더에 Setup.exe을 클릭한다.

【그림 0-4】

③ 설치 화면이 나타나면, Next를 클릭한다.

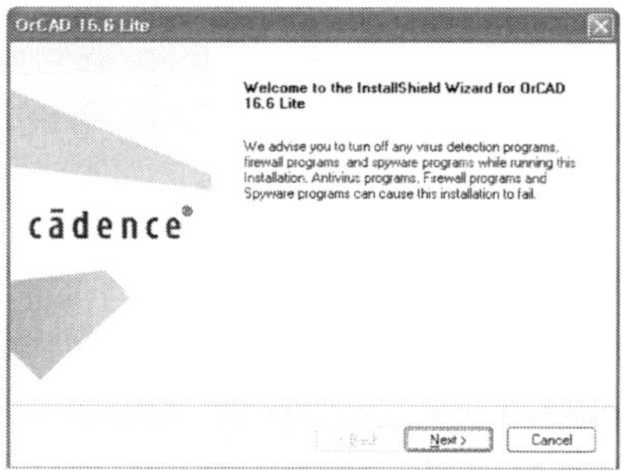

【그림 0-5】

④ License Agreement창이 나타나면 I accept the terms of the license agreement를 선택 후 Next를 클릭한다.

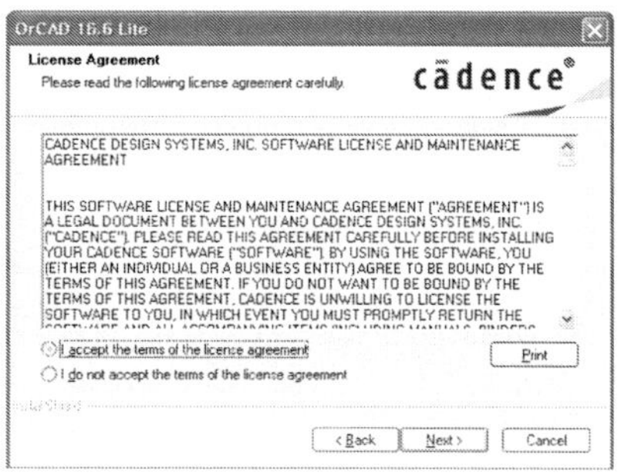

【그림 0-6】

⑤ Setup Type창에서 Anyone who uses this computer (all users)를 선택 후 Next를 클릭한다.

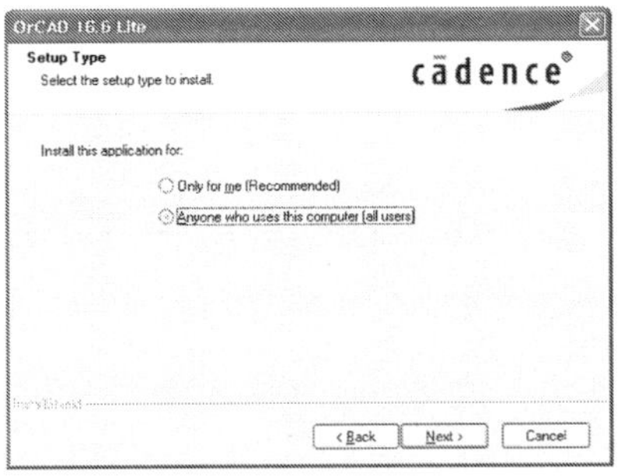

【그림 0-7】

⑥ Choose Destination Location 창은 설치경로를 지정하는 창으로 변경할 경우 Change버튼을 클릭 후 저장경로를 수정하고 Next를 클릭한다.

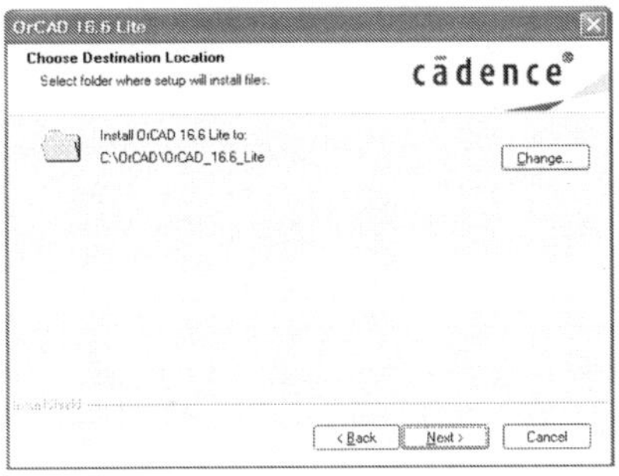

【그림 0-8】

⑦ Start Copying Files창에서는 Next를 클릭한다.

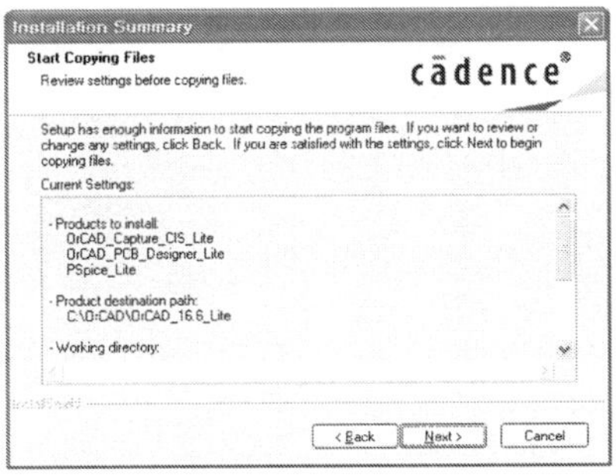

【그림 0-9】

⑧ Ready to Install the Program 창의 Install 버튼을 클릭하면 설치가 진행된다.

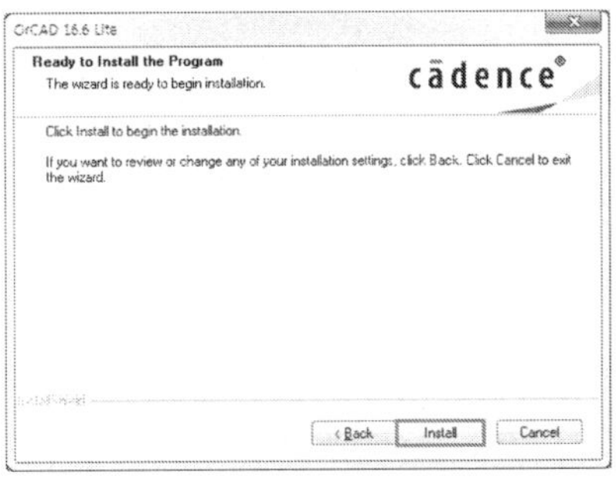

【그림 0-10】

⑨ Setup Complete 창이 나타나면 Finish를 클릭한다.

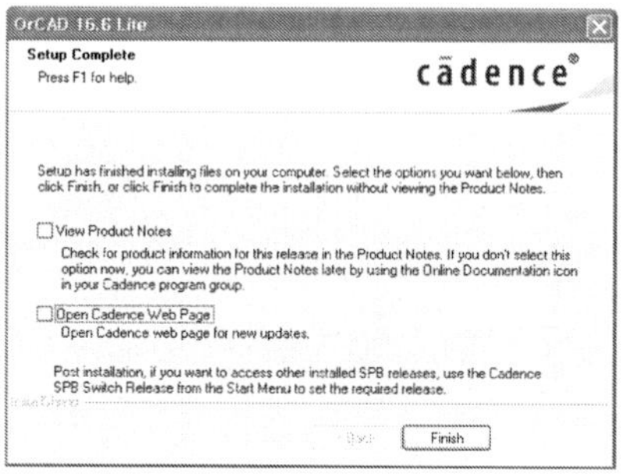

【그림 0-11】

※ 설치 중 에러가 발생하면 설치를 중단하고 Microsoft Visual C++2005 재배포 파일을 설치한 다음 OrCAD 16.6 Demo 버전을 설치한다.

(3) 기본적인 PSpice 사용법

1) OrCAD 실행

OrCAD는 전자회로 설계분야에서 사용되는 디자인 Tool로서, 회로도 작성은 물론 신규 부품의 생성, 부품의 관리 등 회로도 작성에 관련된 전반적인 기능을 가지고 있다. OrCAD를 실행하기 위한 방법으로 두 가지가 있다.

- 일반적인 방법

· 시작 → 모든 프로그램 → Cadence → Release 16.6 → OrCAD Capture(Design Entry CIS)

- 편리성을 위한 방법

· Windows 바탕화면 위에 OrCAD Capture의 단축 아이콘을 만들어 단 한 번의 더블 클릭으로 Capture를 실행한다.

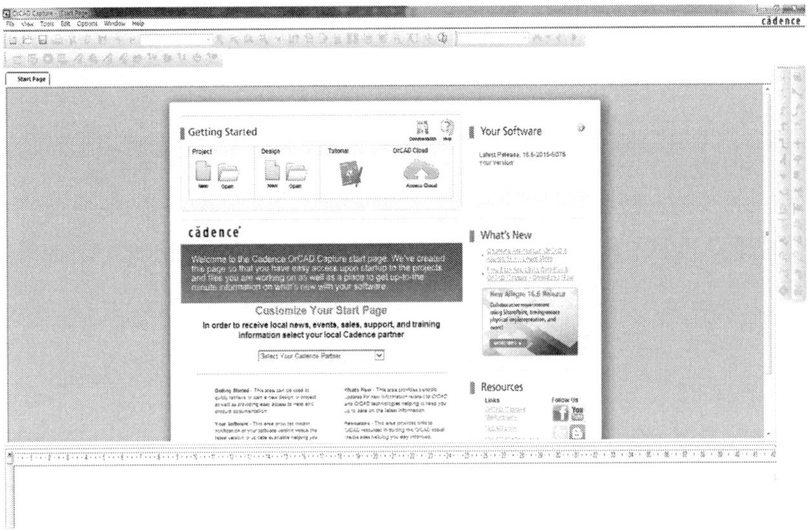

【그림 0-12】

2) OrCAD 시작하기

OrCAD는 초기화면에서 메뉴 바의 File → New → Project...를 선택하거나 또는 툴바의 Create Document 아이콘을 클릭하면 New Project 창이 열린다. 또는 Start Page의 Getting Started에서 Project New를 선택하기도 한다. New Project 창에서 Name, Created a New Project Using, Location을 작성한다.

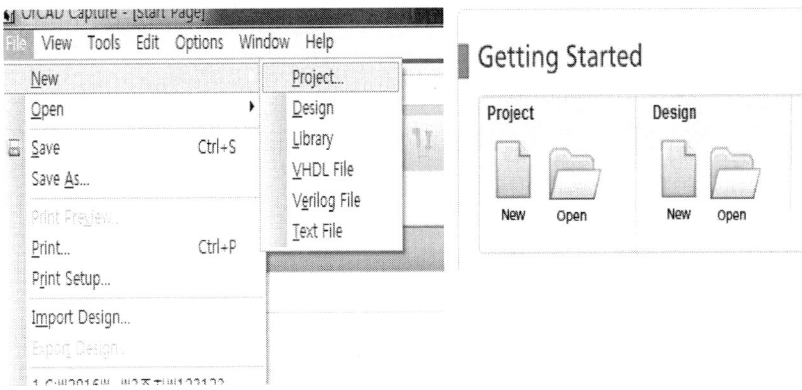

【그림 0-13】

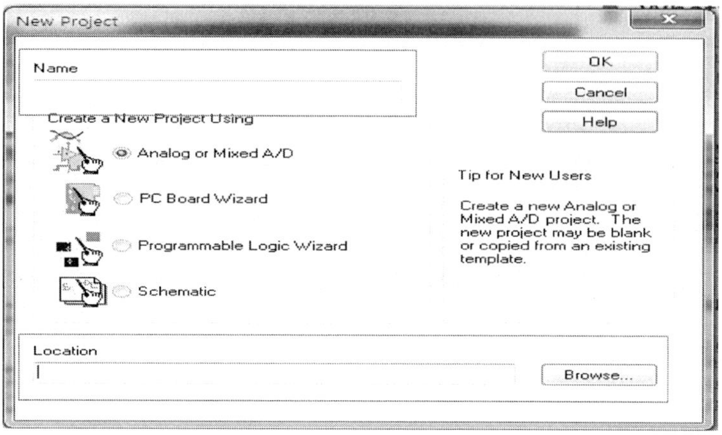

【그림 0-14】

i) Name : 작업할 프로젝트의 이름 입력

· Name 입력 창에 파일 이름을 입력할 때, 영문과 숫자로 작성하고 한글 이름은 가능한 사용하지 않도록 한다.

ii) Create a New Project Using

· 작업할 프로젝트가 어떤 용도이며 무엇을 설계할 것인지를 선택한다.

① Analog or Mixed A/d : PSpice A/D 해석

· 아날로그 혹은 아날로그 및 디지털 혼합회로에 대해 PSpice Tool을 활용하여 시뮬레이션을 필요로 할 때 사용하는 옵션

② PC Board Wizard

· 인쇄회로기판(PCB)을 설계하기 위한 옵션

③ Programmable Logic Wizard

· CPLD, FPGA를 설계하기 위한 옵션

④ Schematic

· 일반적인 회로도면 설계를 위한 옵션

iii) Location : 프로젝트의 저장경로를 지정한다.

3) OrCAD 기본화면 구성

OrCAD의 기본적인 화면 구성으로는 프로젝트 이름을 가진 프로젝트 관리자 창(Project Manager Window)과 회로도면 편집기 창(Schematic Page Editor Window) 그리고 세션 로그 창(Session Log Window)으로 이루어진다.

이들 창은 회로도면 설계가 이루어지는 창으로, 한 가지 유의할 점은 프로젝트 관리자 창과 회로도면 편집기 창이 서로 활성화 될 때마다 툴바 혹은 툴 팔레트 아이콘 항목이 달라진다는 것이다. 세션 로그 창에는 회로설계와 관련된 각종 출력 메시지 및 에러 메시지를 표시한다.

※ 프로젝트 저장 폴더 확인

- *.opj (OrCAD Project File 및 페이지 구성 등을 저장)와 *.dsn (Design File) 확장자를 가진 설계파일 들이 생성된다. 실제 설계도면은 *.dsn에 저장되기 때문에 항상 *.opj와 *.dsn을 함께 관리하도록 하는 것이 바람직하며, 파일 복사 또는 이동 시에는 반드시 설계도면 파일인 *.dsn 파일을 포함해야 한다.

【그림 0-15】

① Project manager 창

· 도면의 설계자료 정보 및 해당 도면에서 생성되는 Library(Design Cache), 보고서 파일과 도면 검사 파일 등 전체 작업 진행을 관리하는 창이다.

② Schmatic page Editor 창

· 회로도면을 설계하고 편집하는 창으로 그래픽 또는 문자들도 입력할 수 있다. 이러한 입력은 툴 파레트(Tool Palette)를 통해 수행할 수 있다.

③ Session Log 창

· Capture 작업에 관한 상태 정보를 나타내는 창이다.

④ Tool Palette 창

· 도면을 작성하기 위해 작성된 도구 모음 창.

4) 부품 배치 및 회로도 작성

프로젝트 매니저 창에서 Schematic Page 폴더의 Page를 더블 클릭하면 회로도면 편집창이 열리면서 자동으로 창의 오른쪽에는 툴 파레트가 나타난다.

i) 부품 불러오기

- 부품을 입력하는 방법은 두 가지가 있다.

· 메뉴 바 Place → Part (P) 선택

· 툴 팔레트의 Place part 아이콘을 이용

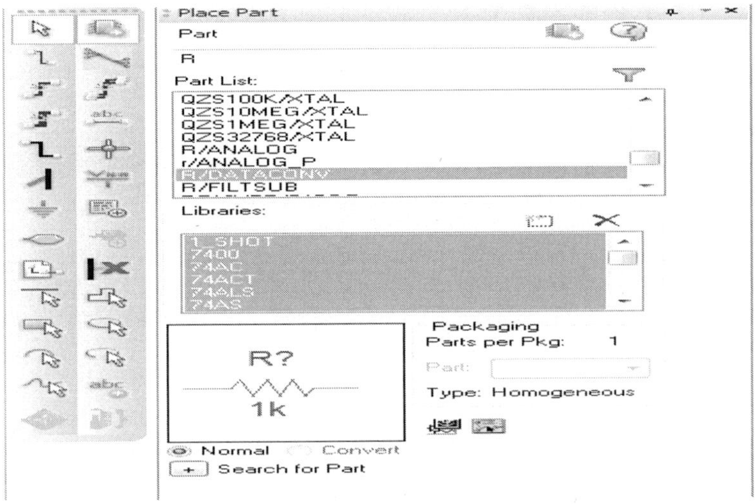

【그림 0-16】

① Libraries

· 현재 사용 중인 Library의 이름을 표시한다.

- Add Library ()

· Library가 위치한 Directory에서 필요한 Library를 불러와 목록(Libraries...)에 등록한다.

- Remove Library (✕)

· Library 목록에서 선택된 Library를 삭제한다.
(Library가 위치한 Directory의 파일이 삭제되는 것은 아니다.)

② Search for Part

· 부품이름이 포함되어 있는 Library를 모를 경우, Search For 상자에 부품 이름을 입력한 후 Part Search 버튼을 클릭하여 해당 Library를 찾는다.

※ Library 추가하기

- 부품을 배치하기 위해서는 부품라이브러리를 사전에 Libraries 창으로 등

록하게 되어 있는데, 등록 방법은 라이브러리 하나씩 불러올 수도 있지만 Capture에서 제공하는 모든 부품이 등록되어 있는 라이브러리들을 일괄적으로 등록시키는 방법도 있다.

a) Part Search 창에서 Add Library 아이콘을 클릭한다.

b) Browse File 창에서 library 폴더(C:\Cadence\SPB_16.6\tools\capture\library)내에 있는 Amplifier.olb까지 선택한 후 열기 버튼을 누른다.

c) Place Part 창에 library 폴더 내의 모든 라이브러리가 등록된다.

【그림 0-17】

ii) 부품 배치하기

- 부품을 입력하는 방법은 두 가지가 있다.
- · 메뉴 바 Place → Part (P) 선택
- · 툴 팔레트의 Place part 아이콘을 이용

- 그림 0-18은 전압전류 분배회로이다. 전압전류 분배회로에 부품 구성을 위한 방법은 다음과 같다.
- · 툴 팔레트의 Place Part에서 각 소자에 대한 부품 검색 후 배치
- · 전압원 - vdc, 저항 - r

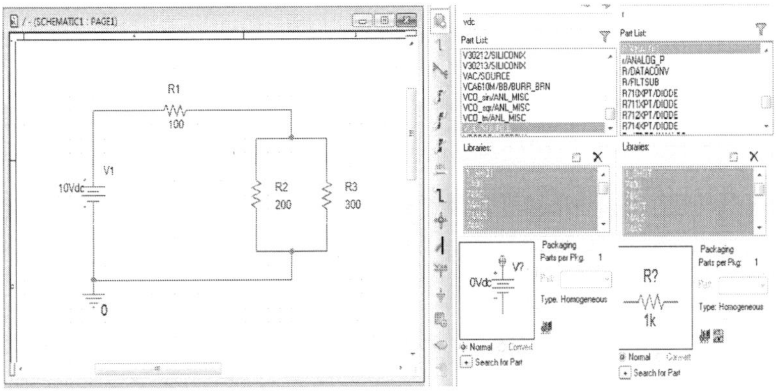

【그림 0-18】

※ 접지 배치는 화면에서 **단축키** G 혹은 툴 팔레트에서 Place Ground 선택 후 '0/SOURCE'를 선택하면 접지 배치에 필요한 접지부품을 사용할 수 있다.

· 부품 배치 완료 후 **단축키** W 혹은 툴 팔레트에서 Place wire를 선택하여 부품을 서로 연결하여 그림 0-19와 같이 회로를 완성시킨다.

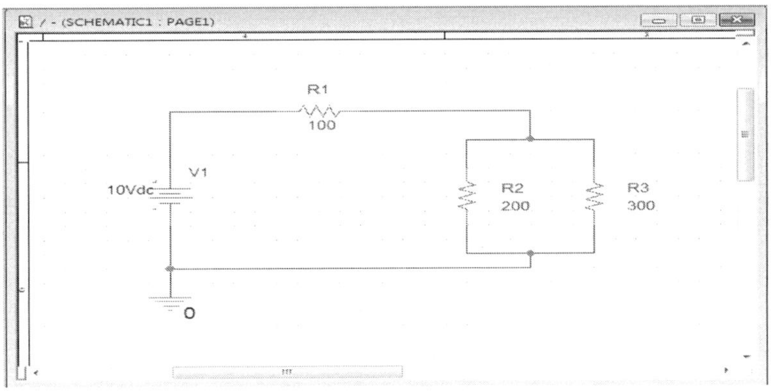

【그림 0-19】

※ 저항과 전압원의 수치는 사용자가 변경할 수 있다. 변경 방법은 저항과 전압원의 단위를 더블클릭 후 원하는 수치로 변경이 하면 된다.

- 회로 구성 완료 후, 각 저항에 걸리는 전압 수치와 각 저항에 흐르는 전류 수치를 시뮬레이션을 통해 확인 할 수 있다.
  - 그림 0-20에 표시된 PSpise A/D 툴바에서 New Simulation Profile 버튼을 클릭한다.

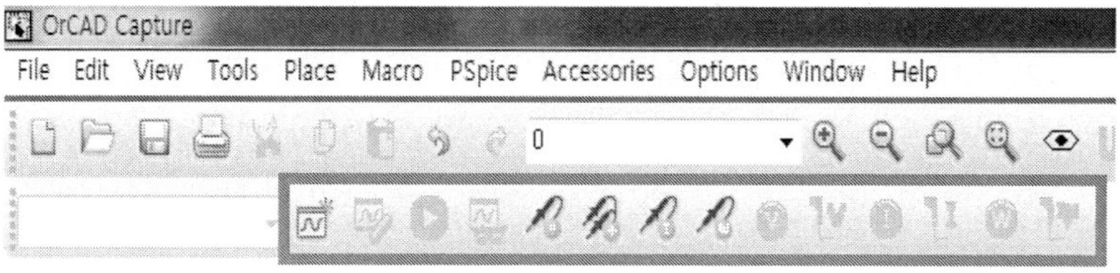

【그림 0-20】

- 시뮬레이션의 이름을 설정한 후 Create 버튼을 클릭한다.

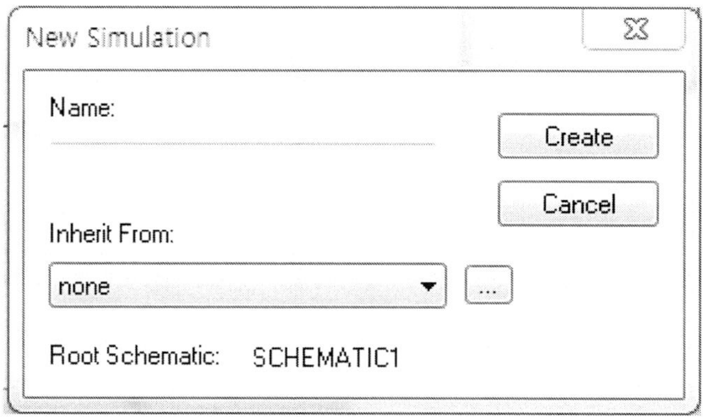

【그림 0-21】

- Simulation Settings 창에서 원하는 시뮬레이션으로 셋팅 후 확인 버튼을 클릭한다.

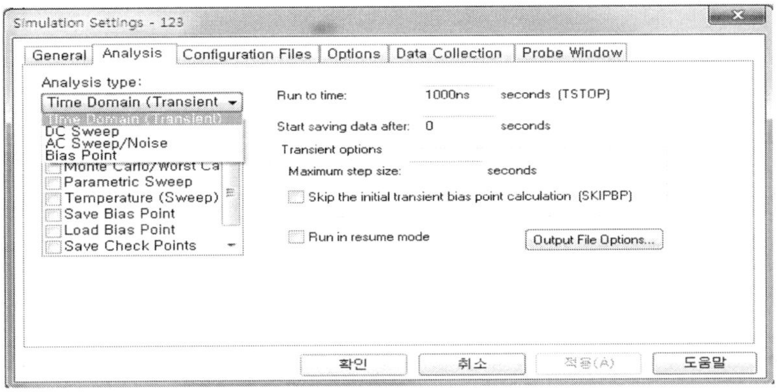

【그림 0-22】

① Time Domain(Transient) : 시간에 대한 회로의 전압, 전류 디지털 회로의 논리 상태 등의 과도상태 계산

② DC Sweep : 전원전압, 모델의 파라미터를 변화시키면서 회로의 전압, 전류, 디지털회로의 논리상태 등을 계산

③ AC Sweep/Noise : 바이어스 포인트 주위에서 회로를 선형화한 다음 소신호 해석을 수행, 전원의 주파수를 증가시켜가면서 회로의 전압, 전류의 크기와 위상을 계산하여 보드 선도를 출력, 주파수 응답 노이즈 해석

④ Bias Point : 바이어스 포인트 데이터를 계산하고 output 파일에 출력

※ 실험시간에 사용할 Simulation Setting은 Time Domain을 사용한다. Time Domain의 시뮬레이션 시 Run to time의 범위 설정은 10ms ~ 100ms 범위 안에서 값을 설정 후 '확인' 버튼을 클릭한다.

- 시뮬레이션 세팅이 끝난 후, PSpice A/D 툴바에서 측정하고자 하는 프로브를 선택 후, 각 저항의 양단에 프로브를 선택하여 원하는 파형을 확인한다. 그림 0-23에서는 각 저항에 걸리는 전압을 측정하기 위해 전압 프로브를 사용하였다.

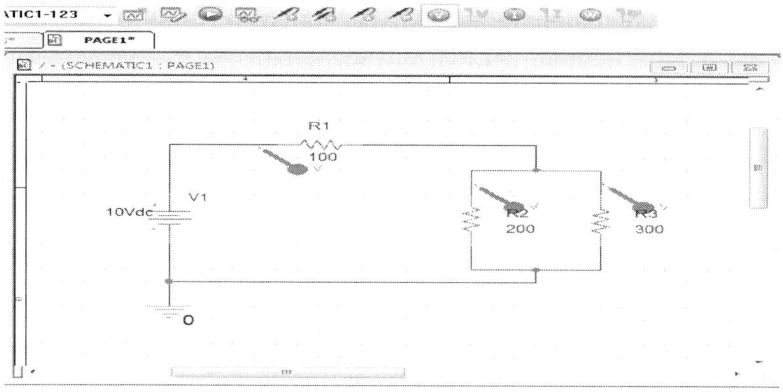

【그림 0-23】

· 시뮬레이션 결과를 위해 PSpice A/D 툴바에서 Run PSpice 버튼을 클릭한다.

· 전압전류 분배회로에 대한 PSpice 결과는 그림 0-24와 같이 직선형 그래프로 측정된다. 각 전압 수치가 어떤 저항인지에 대한 결과는 PSpice 화면 아래에서 확인하거나 회로에 나타난 수치와 프로브 색깔을 비교하여 확인할 수 있다.

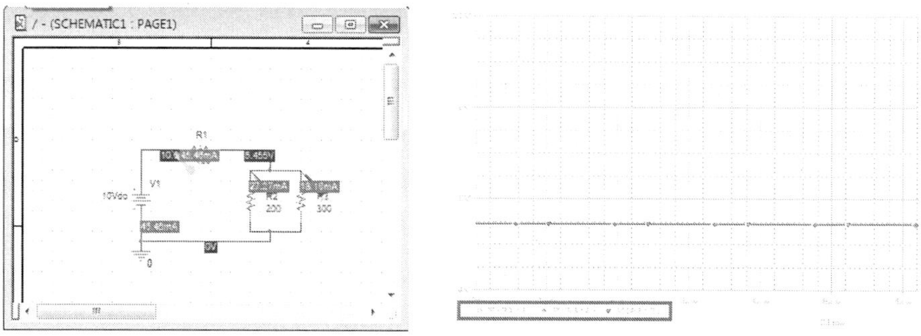

【그림 0-24】

※ 각 저항에 흐르는 전류를 확인하고 싶을 때도 위와 같은 방법을 사용하여 각 저항에 흐르는 전류를 확인할 수 있다.

실험 1

저항기 및 저항계 사용법

1. 목 적

(1) 국제 공인된 미국 전자산업협회(Electronic Industrial Association : EIA) 색 코드로 표기된 탄소 저항기의 저항값 표시법과 사용법을 익힌다.
(2) 아날로그 및 디지털 저항계의 사용법을 이론적으로 배운다.
(3) 디지털 저항계를 이용한 저항 측정 방법을 공부한다.

2. 관련 이론

(1) 저항기 및 색 코드

전기 및 전자 회로 내에서 전류의 흐름을 방해하는 소자를 저항기(Resistor)라고 한다. 이때 사용되는 대부분의 저항기는 탄소 저항기이다. 저항의 단위는 옴(ohm)이며, 기호 Ω(그리스문자 오메가)로 표시한다. 저항값은 제조회사에서 저항기의 몸체에 색 띠(Color Bands)로 표시해놓은 색 코드(Color Code)로 나타낸다. 표 1-1은 색 코드에 사용되는 색과 해당 값을 나타내고 있다. 이 코드는 1/8W, 1/4W, 1/2W, 1W, 2W 전력의 저항기에 사용된다.

【표 1-1】

색 (Color)	첫째 띠 (첫 숫자)	둘째 띠 (둘째 숫자)	셋째 띠 (10의 지수)	넷째 띠 (허용오차)
흑색 (Black)	0	0	10^0=1	
갈색 (Brown)	1	1	10^1=10	±1 %
적색 (Red)	2	2	10^2=100	±2 %
등색 (Orange)	3	3	10^3=1,000	
황색 (Yellow)	4	4	10^4=10,000	
녹색 (Green)	5	5	10^5=100,000	±0.5 %
청색 (Blue)	6	6	10^6=1,000,000	±0.25 %
자색 (Violet)	7	7	10^7=10,000,000	±0.1 %
회색 (Gray)	8	8	10^8=100,000,000	±0.05 %
백색 (White)	9	9	10^9=1,000,000,000	
금색 (Gold)			10^{-1}=0.1	±5 %
은색 (Silver)			10^{-2}=0.01	±10 %
무색 (None)				±20 %

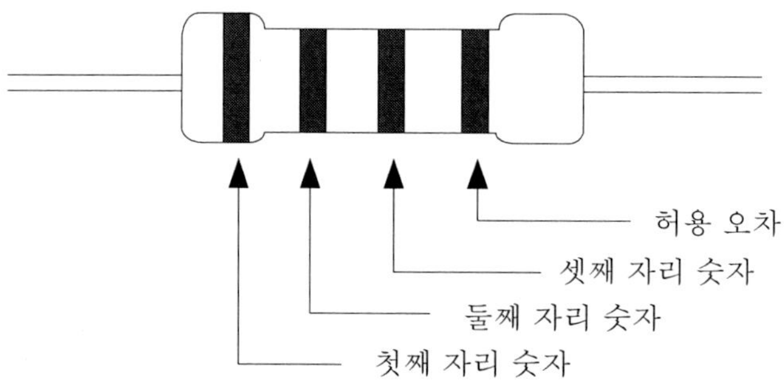

【그림 1-1】

기본적인 저항기는 그림 1-1과 같다. 표준 색 코드는 저항기 몸체의 둘레에 표시되는 4개의 색 띠로 구성된다. 이때 색 띠의 자리 순서를 표시하는 방법은 제조회사에 따라 크게 두 가지 형태로 나타낸다. 그 한 방법은 저항기 양단의 볼록한 부분 중 한 쪽에 색 띠를 표시하여 그 색 띠의 첫째자리를 나타내는 것이다. 다른 한 방법은 색 띠가 일정한 간격으로 배치되어 있지 않고 세 개 이상의 색 띠가 한쪽 방향으로 몰려있는 부분이 있다면 그

방향의 가장 처음에 위치한 색 띠가 첫째 띠가 된다.

첫째 띠는 저항값의 첫째 자리 숫자를 나타내며, 두 번째 띠는 둘째 자리 숫자를 나타낸다. 세 번째 띠는 앞의 두 숫자 뒤에 붙는 0의 개수(즉, 10의 지수)를 나타낸다. 세 번째 띠가 금색 또는 은색이면, 10Ω 이하의 저항값을 나타낸다. 즉, 10Ω 이하의 저항에 대해서 세 번째 띠는 다음과 같은 의미를 갖는다.

- 금색 띠 : 앞의 두 숫자가 나타내는 값의 1/10을 의미한다.
- 은색 띠 : 앞의 두 숫자가 나타내는 값의 1/100을 의미한다.

네 번째 띠는 저항값의 퍼센트 허용오차를 나타낸다. 퍼센트 허용오차는 실제의 저항값과 색 코드로 표시된 값 사이의 오차를 의미하며, 이는 저항기가 대량 생산되므로 재료나 제조공정상의 변화에 의해 실제 저항값이 표시된 값과 다를 수 있음을 고려한 것이다. 하지만, 대부분의 회로는 저항값이 정밀하지 않더라도 설계 목적에 맞게 정상 동작된다. 일반적으로, 허용오차는 색 코드로 표시된 값으로부터의 + 와 - 퍼센트 오차로 주어진다.

큰 저항값의 경우에 0을 모두 표시하기 곤란하므로, 미터법의 약자를 사용하여, 1,000을 k(kilo)로 1,000,000을 M(Mega)으로 표시한다.

- 1,200Ω은 1.2kΩ으로 표시하고, 1.2 킬로옴으로 읽는다.
- 34,000은 34kΩ으로 표시하고, 34 킬로옴으로 읽는다.
- 2,400,000은 2.4MΩ으로 표시하고, 2.4 메가옴으로 읽는다.

앞의 설명을 참고로 할 때, 그림 1-1과 같이 네 개의 색 띠로 표시된 저항기의 저항값은 표 1-1로부터 색 코드의 색에 대응하는 숫자 값을 구하여 다음 식 (1-1)과 같이 나타낼 수 있다.

$$(\text{첫째 자리 숫자})(\text{둘째 자리 숫자}) \times 10^{(\text{셋째 자리 숫자})} \pm (\text{허용오차}) \qquad (1\text{-}1)$$

예를 들어, 첫째 색이 녹색이고, 둘째 색이 적색, 셋째가 황색이고, 네 번째는 은색이라면 (5)(2) × $10^{(4)}$ ± (10%) 가 된다. 즉, 주어진 저항기의 저항값은 520kΩ이고 ± 10%의 오차를 가진다.

고정밀 저항기는 5개의 띠를 갖는다. 처음 세 개의 띠는 저항값의 처음 세 자리 숫자를 나타내고, 네 번째 띠는 앞의 세 숫자 뒤에 붙는 0의 개수를 나타내며, 다섯 번째 띠는 허용오차를 나타낸다. 이 경우에 퍼센트 허용오차는 ±0.1~2%의 범위를 갖는다. 표 1-2는 5개의 띠를 갖는 고정밀 저항기에 대한 색 코드를 정리한 내용이다.

【표 1-2】

색 (Color)	첫째 띠 (첫 숫자)	둘째 띠 (둘째 숫자)	셋째 띠 (셋째 숫자)	셋째 띠 (10의 지수)	넷째 띠 (허용오차)
흑색 (Black)	0	0	0	10^0=1	
갈색 (Brown)	1	1	1	10^1=10	±1 %
적색 (Red)	2	2	2	10^2=100	±2 %
등색 (Orange)	3	3	3	10^3=1,000	
황색 (Yellow)	4	4	4	10^4=10,000	
녹색 (Green)	5	5	5	10^5=100,000	±0.5 %
청색 (Blue)	6	6	6	10^6=1,000,000	±0.25 %
자색 (Violet)	7	7	7	10^7=10,000,000	±0.1 %
회색 (Gray)	8	8	8	10^8=100,000,000	±0.05 %
백색 (White)	9	9	9	10^9=1,000,000,000	
금색 (Gold)				10^{-1}=0.1	±5 %
은색 (Silver)				10^{-2}=0.01	±10 %
무색 (None)					±20 %

네 개의 색 띠로 표시된 저항기의 저항값과 같은 방식으로 다섯 개의 색 띠로 표시된 저항기를 읽는 방법은 다음 식 (1-2)와 같이 나타 낼 수 있다.

$$(\text{첫째 자리 숫자})(\text{둘째 자리 숫자})(\text{셋째 자리 숫자}) \times 10^{(\text{넷째 자리 숫자})} \pm (\text{허용오차}) \qquad (1\text{-}2)$$

(2) VOM 및 DMM

전기 및 전자회로 내의 단자 사이의 저항 성분이나 주어진 저항기의 저항값 측정을 위해서는 VOM(Volt-Ohm-Milli (ampere) meter)과 DMM(Digital Multi-meter)라는 측정 계기를 사용한다. VOM은 전압계(Voltmeter), 저항계(Ohmmeter), 전류계(Milliammeter)의 종합적 계기라는 의미를 가진다. VOM은 계기판에 주어진 아날로그 눈금을 사용하여 측정된 전압, 전류, 또는 저항값을 읽을 수 있으며 간단히 테스터(Tester)라고도 불린다. VOM의 사용자는 계기판에 주어진 눈금에 놓인 지침의 위치를 해석하여 측정된 전기량을 알아낼 수 있는 능력을 갖추어야 한다. 한편 DMM에서는 전압, 전류, 저항의 측정값이 직접 수치로 나타난다.

VOM을 이용한 저항값 측정을 위해서는 VOM의 기능스위치를 저항계로 맞추어야 하며, 측정을 시작하기 전에 사용자 설명서에 제시된 방법에 따라 영점 조정을 해야 한다. 점 *A*와 *B*사이의 저항값을 측정하기 위해서는 저항계의 한쪽단자를 점 *A*에 연결하고 다른 단자를 점 *B*에 연결한다. 이때 계기가 0Ω 을 가리키면 두 점 *A*, *B*가 단락(short)되었음을 의미하며, 지침이 움직이지 않는 경우(즉, 저항눈금의 무한대를 가리키는 경우)에는 두 점 *A*, *B*사이가 개방(open)된 무한대 저항값을 의미한다.

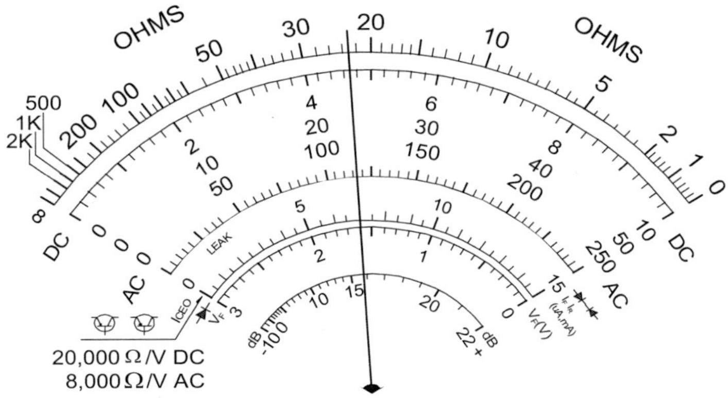

【그림 1-2】

그림 1-2의 VOM에서 보이는 바와 같이 저항값 표시를 위한 계기판은 저항계의 저항눈금이 비선형임을 보이고 있다. 즉, 눈금의 세부분할이 등 간격이 아님을 알 수 있다. 따라서 동일한 1Ω의 변화를 나타내더라도 0과 1 사이의 간격이 9와 10사이의 간격보다 훨씬 크다. 숫자로 표시되지 않은 눈금에 대해서는 사용자가 숫자를 주의해서 읽어야 한다. 한편 그림 1-2에서 알 수 있듯이 VOM에는 전압이나 전류 측정을 위한 눈금과 저항을 위한 눈금이 함께 표시되어 있는데, 전압이나 전류 측정을 위한 눈금과는 크기가 반대로 되어 있다.

계기판에 표시된 기본 눈금은 배율기의 R×1범위인데, 예를 들어 그림 1-2와 같이 지침이 20과 30사이에서 20의 왼쪽 1.5/5지점에 있다면, 측정 저항값은 그대로 23.7Ω이 된다. 100Ω 이상의 저항눈금은 매우 조밀하므로 100Ω 이상의 저항값을 정확하게 측정하기 위해서는 측정되는 실제 저항값에 따라 저항계의 범위를 R×10, R×100, R×1000 등으로 전환손잡이를 사용하여 배율기 값을 조정하여야 한다. R×10 범위로 조정된 상태로 저항이 측정된 경우에는 기본 눈금으로 읽은 값에 10을 곱해야 하며, R×100 범위에서는 읽은 값에 100을 곱한다. 또한 R×1000 범위에서는 기본 눈금으로 읽은 값에 1000을 곱한다. 배율기를 사용해 저항계의 저항범위를 변경한 후에는 반드시 영점 조정을 확인해야 한다.

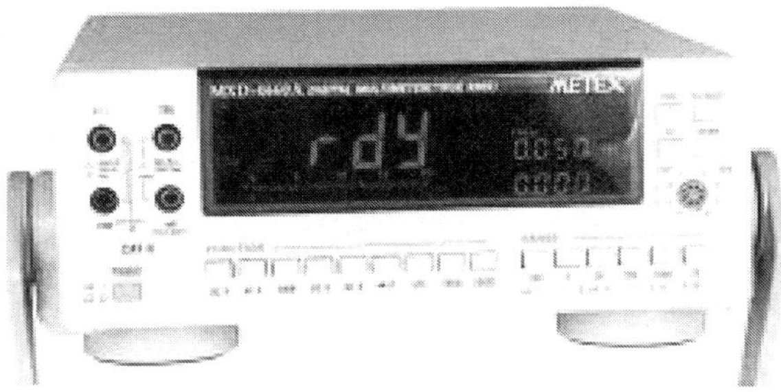

【그림 1-3】

한편, 그림 1-3과 같은 DMM은 측정된 저항값을 직접 디지털 숫자 형태로 표시해 주는 디지털 저항계의 기능을 선택하여 사용할 수 있도록 되어 있다. 이때 최대 저항범위를 지정하도록 되어있다. 또한 측정저항 범위가 초과되는 경우에 최대값이 깜박거리는 범위 초과 지시 기능을 가진다. 아울러 DMM 패널에 장착된 푸시 버튼 형태의 기능 스위치를 이용해서 주어진 전기 및 전자회로 내에 흐르는 전류와 회로 단자 사이의 전압도 측정 가능하다.

전류가 흐르고 있는 회로 내의 저항을 측정할 경우에는 정확한 저항값이 측정되지 않을 뿐만 아니라 과도한 전류에 의한 계기의 손상을 가져올 수 있으므로 항상 회로가 개방된 상태에서 저항을 측정하여야 한다.

본 장에서 다루어지는 저항 측정을 위해서는 극성(Polarity)을 고려할 필요가 없다. 하지만 다음 장 이후의 실험들에서 다루어지는 DMM을 이용한 전압과 전류 측정에서는 극성이 매우 중요하다.

오랫동안 아날로그 계기가 사용되어 왔지만, 최근 들어 디지털 계기가 널리 사용되기 시작하면서 두 가지 계기를 모두 능숙하게 다루는 것이 중요하게 되었다.

3. 실험 예비 문제

실험명	저항기 및 저항계 사용법								
학과		학년		학번		조		성명	
작성 일자			실 험 예정일			담당 교수		담당 조교	

(1) VOM을 사용하여 저항을 측정할 때, 저항계의 범위를 R×1000으로 전환손잡이를 사용하여 배율기 값을 고정하였더니 그림 1-4와 같이 눈금을 가리켰다. 실제 측정된 저항값은 얼마인가?

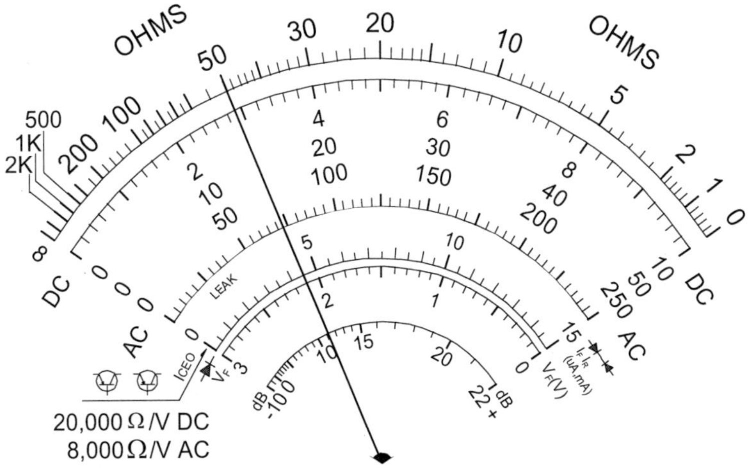

【그림 1-4】

(2) 저항기의 색 띠가 회색이면 무슨 숫자를 나타내는가?

(3) 네 개의 띠를 사용하는 저항기에서 색 코드가 등색, 황색, 자색, 은색 순으로 되어 있을 때 이 저항기의 저항값과 허용오차는 얼마인가?

(4) 다섯 개의 띠를 사용하는 저항기의 색 코드가 갈색, 적색, 흑색, 등색, 금색 순으로 되어 있을 때 이 저항기의 저항값과 허용오차는 얼마인가?

(5) 저항값이 820Ω이고, 허용오차가 20%인 저항기를 네 개의 띠를 갖는 색 코드로 나타내어라.

(6) 저항값이 330Ω이고, 허용오차가 0.05%인 저항기를 다섯 개의 띠를 갖는 색 코드로 나타내어라.

4. 실 험

실험명	저항기 및 저항계 사용법								
학과		학년		학번		조		성명	
실험 일자			작성 일자			담당 교수		담당 조교	

(1) 사용기기 및 부품

측정계기 : 디지털 멀티미터(DMM), 테스터(VOM) 각 1대

저 항 기 : 100kΩ, 1W (탄소) 저항기 1개
100kΩ, 2W (탄소) 저항기 1개
100kΩ, 1/2W (탄소) 저항기 1개
20Ω, 300Ω, 2kΩ, 10kΩ, 1/4W (탄소) 저항기 각 1개
(* 저항의 색 띠 종류를 4색과 5색을 준비할 것)

(2) 실험과정

가. 저항기 실물 크기

(a) 저항기의 저항값들이 모두 같더라도 전력 등급이 증가함에 따라 저항기의 크기도 커진다는 점에 유의하면서, 아래 빈칸에 1/2W, 1W, 2W, 100kΩ 탄소 저항기의 실물 크기를 전력 등급에 따라 그려라(색 띠는 갈색, 검정, 황색임).

(b) 1W 저항기는 1/2W 저항기에 비해 그 실물크기가 얼마나 큰가? 2W 저항기는 1W 저항기와 비교할 때 그 크기가 저항값의 비율과 거의 같은지의 여부를 기술하라.

나. 색 코드

(a) 위의 이론에서 기술된 사항을 참고하여, 표 1-3에 보이는 각 저항기의 색 띠를 구하라. 그 다음, 본 실험을 위해 주어진 각 저항기에 대해 표 1-3 예제에 보이는 것처럼 각 띠에 대한 색을 모든 저항기에 대해서 구하라.

(b) 표 1-3의 색 띠 옆의 열에 각 색에 대한 수치를 첫 줄의 샘플과 같이 적어 넣어라.

【표 1-3】

	저항기 (표시치)	색					수치				
		1	2	3	4	5	1	2	3	4	5
4색	샘플 : 49Ω	황색	백색	흑색	은색		4	9	0	±10 %	
	20Ω										
	300Ω										
	2kΩ										
	10kΩ										
5색	샘플 : 49Ω	황색	백색	흑색	금색	은색	4	9	0	10^{-1}	±10 %
	20Ω										
	300Ω										
	2kΩ										
	10kΩ										

(c) 퍼센트 허용오차는 앞 절의 관련이론에서 설명한 바와 같이 제조업자에 의해 실제 저항값이 보장되는 값의 범위를 표시하고 있다. 이를 이용해 실제 저항값의 범위를 구하기 위해서는, 먼저 퍼센트 허용오차와 저항 표시치를 곱한 후 이 값을 저항기 표시치에서 더해주고 빼주면 된다. 즉, 표 1-3의 샘플 저항값을 예로 들면, 주어진 49Ω 저항기의 실제 값의 허용범위는 다음과 같이 얻어진다.

최대치 = 49Ω + 4.9Ω = 53.9Ω

최소치 = 49Ω - 4.9Ω = 44.1Ω

여기서, (10%)(49Ω)=(0.1)(49Ω)=1.1Ω.

표 1-3의 각 저항기에 대해서 표 1-4에 실제 값의 허용범위를 위의 샘플 예와 같이 구하여 기록하라.

【표 1-4】

저항기 (표시치)	최소 저항	최대 저항
샘플 : 49Ω	44.1Ω	53.9Ω
20Ω		
300Ω		
2kΩ		
10kΩ		

다. 저항값 측정

(a) DMM을 이용하여 측정된 저항값을 표 1-5에 기록하라. 이때 각 저항기에 대해 적절한 저항측정 범위를 선택하여 가장 정확도가 높은 결과값이 얻어지도록 한다.

다음은, 각 저항기에 대한 표시치와 측정치 사이의 오차의 크기를 식 (1-3)의 퍼센트 오차식을 이용하여 구하라. 이때 결과값은 절대치로 나타냄에 주의한다.

$$오차(\%) = \left| \frac{표시치 - 측정치}{표시치} \right| \times 100\% \quad (1\text{-}3)$$

(b) DMM을 이용하여 측정된 모든 저항값이 표 1-4에서 얻어진 허용오차 범위 내에 있는지를 살펴보고, 측정치가 허용오차 범위 내에 있지 않은 것이 있다면 그것들을 표 1-5에 기록하라.

【표 1-5】

저항기 (표시치)	측정값	허용오차범위내 존재여부 (예/아니오)	오차(%)
샘플:49Ω	50.3Ω	예	2.65%
20Ω			
300Ω			
2kΩ			
10kΩ			

라. 신체 저항

양 손 사이의 신체 저항이 얼마나 될지를 추측하여 표 1-6에 기록하라. 그 다음 DMM을 이용하여 손가락에 물을 묻힌 후 양손에 리드선을 하나씩 꼭 쥐고 측정한 저항값을 표 1-6에 기록하라. 만일 사람을 위험에 빠뜨릴 치사전류가 10mA라면, 치사량에 해당하는 전류 10mA가 우리 몸에 흐르기 위해서는 몇 볼트의 전압($V=IR$)이 신체에 인가되어야 하는지를 계산하여 표 1-6에 기록하라.

【표 1-6】

신체 저항(추정치)	
신체 저항(측정치)	
치사 전압[V]	

실험 2

직류 실험 장비 사용법과 옴의 법칙

1. 목 적

(1) 직류 전원공급기의 사용법과 출력 전압 설정 방법을 익힌다.

(2) DMM을 사용하여 직류 회로에서의 전압 및 전류 측정 방법을 배운다.

(3) 옴의 법칙을 실험적으로 이해하고 적용하는 법을 익힌다.

(4) $V-I$ 곡선의 기울기를 구하는 법을 배운다.

(5) 옴의 법칙을 위하여 컴퓨터 시뮬레이션을 적용하는 법을 익힌다.

(6) 컴퓨터 시뮬레이션에 의해 얻어진 결과와 실험치와의 비교 방법을 익힌다.

2. 관련 이론

(1) 직류 전원공급기

에너지 또는 전력을 만들어 내는 능동 전기 회로 내에는 반드시 전원공급기가 포함되어 있어야 하며, 최소한의 유지보수가 요구되면서도 출력 전압값이 쉽게 변화되는 전원공급기를 사용하는 것이 좋다. 전원공급기의 정격은 최대 출력 전압 및 전류로 나타내진다. 예를 들면, 500mA에서 0~40V 범위의 연속 가변이 되는 전원공급기는 최대 40V의 전압과 최대 500mA의 전류를 공급할 수 있다.

일반적인 전원공급기는 다음과 같은 특징을 갖는다. 전면의 조정부는 on-off스위치(대부분 표시등이 부착되어 있음), 출력전압 조정을 위한 회전식 다이얼, 두 개 또는 세 개의 출력 단자 등으로 이루어져 있다. 두 개의 출력 단자가 있는 경우에는 하나는 '+'로, 다른 하나는 '-' 로 표시되어 있다. 세 개의 출력 단자가 있는 경우에는 각각의 단자에는 '+', '-', GND로 표시되어 있다. 이 경우 출력전압은 '+' 단자와 '-' 단자 사이에서 얻어지며, GND는 계기의 접지를 나타낸다. 안전상의 이유로 일반적인 전원공급기는 그림 2-1에서와 같이 '-' 단자가 GND에 연결되어 있다. '+' 출력과 '-' 출력을 독립적으로 조정할 수 있는 전원공급기도 있으며, '+' 출력은 '+' 단자와 GND 단자 사이에서 그리고 '-' 출력은 '-' 단자와 GND 사이에서 얻어진다. 이와 같은 전원공급기는 ±40V 와 같은 출력을 갖는 것으로 구분된다.

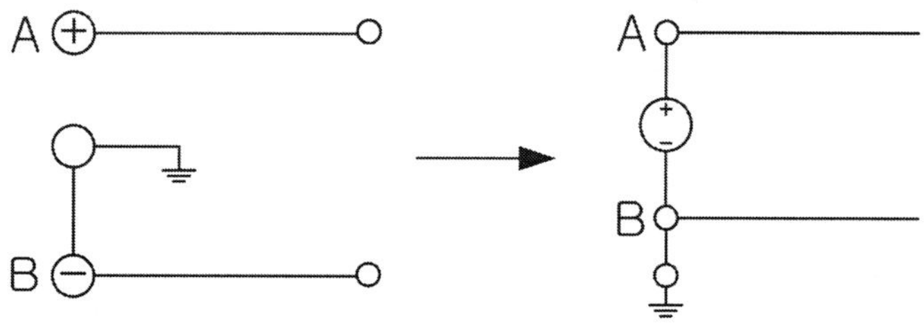

【그림 2-1】

한편 그림 2-2에 보이는 바와 같이 전원공급기의 조정부에는 전류조정을 위한 회전식 다이얼이 함께 부착되어 있으며, 이 조정기는 전원공급기의 전류출력을 제한하기 위해 사용된다. 전원공급기의 전류 조정기는 0A와 최대 정격전류 사이의 임의의 전류량으로 제한할 수 있다. 이와 같은 전류제한은 실험회로에 과도한 전류가 흐르는 것을 방지하는데 유용하다.

【그림 2-2】

일반적인 전원공급기에는 전압계가 포함되어 있어 단자에서 출력되는 전압을 전면에 표시할 수 있다.

직류 전원공급기를 회로에 연결할 때에는 회로의 극성을 먼저 확인해야 하며, 전원의 연결로 인해 회로가 변경되지 않도록 해야 한다. 실험을 수행하는 중에 회로변경이 필요한 경우에는 전원공급기와 회로를 분리시킬 수 있는 외부 스위치를 사용한다.

일반적으로, 최대 전압을 갑자기 인가하기보다는 전원공급기의 전압을 서서히 증가시켜 필요한 전압에 이르도록 하는 것이 바람직하다. 이렇게 함으로써 회로 내에서 발생할 가능성이 있는 문제를 조기에 발견할 수 있고, 부품이나 계기에 가해질 수 있는 손상을 방지할 수 있다.

(2) 전압 및 전류 측정

전압을 측정하기 위해서는 먼저 그림 2-3에 보이는 것처럼 측정 대상 소자 양단에 병렬로 전압계를 연결하여야 한다. 직류전압을 측정하기 위해서는 전압계의 전환스위치(Range)를 DC. V에 놓고, 배율기를 측정 예상되는 전압보다 높은 값으로 놓은 후, 전위가 높은 점을 +극, 낮은 점을 -극(혹은 Common)이 되도록 하여 측정한다. 이때 배율기의 값이 최대눈금(Full Scale)으로 되므로, 이에 비례하여 눈금을 읽으면 직류 전압값을 얻는다. 만일 전압계의 극성을 반대로 하여 측정하였다면 전압계의 눈금은 0V 이하의 -값 쪽을 향하게 된다. 따라서 전압계는 전압값뿐만 아니라 극성도 알려주는 계기라고 할 수 있다.

한편 교류전압 측정을 위해서는 전환스위치를 AC. V에 놓고 직류전압의 경우와 같이 측정하면 된다. 단, 이 경우에는 극성(+, -)은 별도로 구별할 필요가 없다. 전압계는 측정 대상 소자 양단에 병렬로 연결되어 있으므로 측정이 완료된 후에도 다른 실험을 위해 일부러 회로에서 제거시킬 필요가 없다.

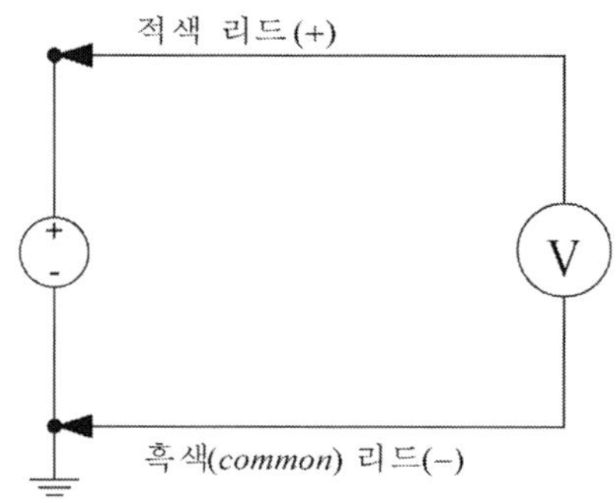

【그림 2-3】

직류 전류를 측정할 경우에는, 전환 스위치를 DC. A에 놓고 배율기를 예상되는 전류보다 높은 값으로 놓은 후 전위가 높은 점은 +극, 낮은 점은 -극이 되도록 직렬로 연결하여 직류전압측정의 경우와 같이 측정하면 된다. 여기서도 전압계를 사용하여 전압을 측정할 때와 같이, 예상되는 측정 전류치보다 높은 값으로 전류 범위를 놓고 측정을 시작하여야 한다. 이 때 주의할 점은, 직류 전류 측정 시에는 전압 측정의 경우와는 달리 그림 2-4에 보이는 것처럼 미터를 직렬로 연결해 주어야 한다는 것이다.

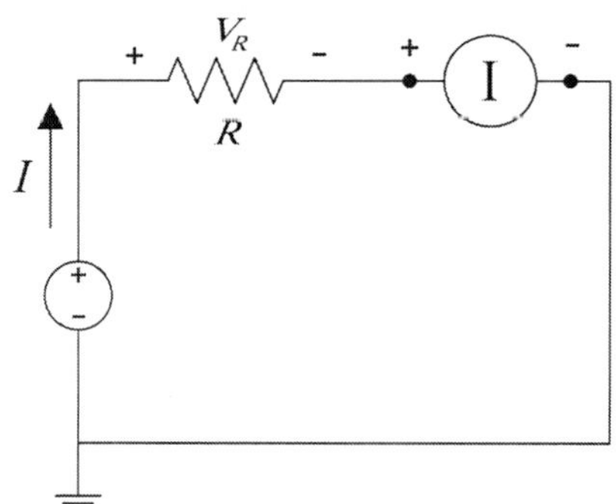

【그림 2-4】

실험을 종료한 후에는 다음 사용자가 부주의로 계기를 파손시키는 것을 방지하기 위하여 VOM은 최대 전압 스케일에 배율기를 위치시키고, DMM은 OFF 시킨 후 실험실을 떠나야 한다.

(3) 옴의 법칙

전기회로에서 전원과 부하 간에 서로 연결된 하나 이상의 폐회로(Closed Loop)가 형성되어야만 전류가 흐르게 되는데, 이 때 흐르는 전류는 부하 양단에 걸리는 전압에 비례하는 관계가 있다.

그림 2-5의 회로를 예를 들면, 인가전압(E)가 10V일 때 전류(I)가 1A이면, 비례상수는 10이 되고 인가전압이 10V일 때 전류가 0.5A이면 비례상수는 20이 된다.

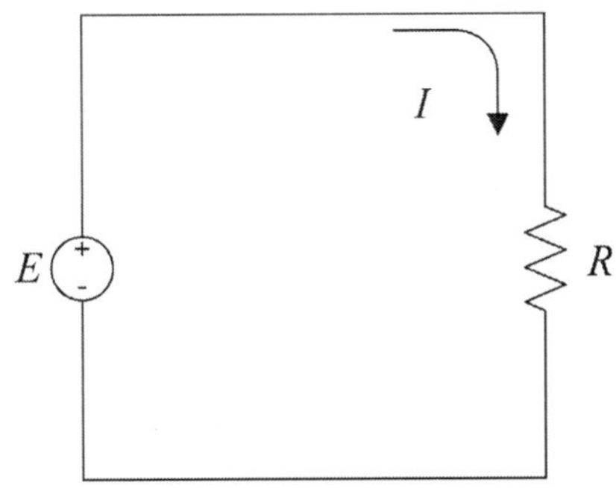

【그림 2-5】

주어진 인가전압에 대하여, 소자를 흐르는 전류값이 증가하면 비례상수는 감소하므로 이 비례상수는 전하의 흐름을 방해하는 소자값임을 알 수 있다. 이러한 특성을 강조하는 의미에서 전류의 비례상수를 저항(Resistance)이라고 하고 「R」로 표시한다. 그 단위는 Ω을 사용하고 「옴」이라고 읽는다.

이 폐회로의 한 부분이 끊어지면(open) 전류가 흐르지 않게 되고 부하가 없이 전원의 (+)단자와 (-)단자가 단락(short)되면 저항이 0이 되어 무한대의 전류가 흐르게 되어 매우 위험하게 된다.

저항기(Resistor)에 전류가 흐르면 전압강하가 일어나는데 이 전압강하는 저항에 비례하여 나타난다.

옴의 법칙(Ohm's law)은 식 (2-1)에서와 같이 전기회로에서 저항기 양단의 전압, 저항기를 흐르는 전류, 저항의 관계를 나타내는 것으로, 회로 내의 저항기에 흐르는 전류가 그 저항기 양단에 인가된 전압에 비례하고 저항기가 가진 저항에 반비례하는 관계를 나타내는 법칙이다.

$$I = \frac{V}{R} \quad (2\text{-}1)$$

이 옴의 법칙은 어떤 전기회로에서나 적용되는 기본 법칙이며 회로의 전체적으로나 부분적으로나 다 같이 적용된다.

(4) 컴퓨터 시뮬레이션

본 실험 이하의 몇 가지 실험은 실제 전기회로를 컴퓨터 프로그램을 통해 모의하여 결과를 미리 알아보거나 검증하기 위한 목적을 가지고, 실제 회로 구성에 적용 가능한 컴퓨터 프로그래밍 기법을 자유롭게 구사할 수 있도록 만들어졌다. 대부분의 실험은 PSpice 소프트웨어를 사용하여 수행하는 것을 기본으로 하였으나, 이 소프트웨어를 활용하는 것이 여의치 않을 경우에는 다른 프로그램 언어를 사용하여 동일한 실험을 수행할 수 있다.

컴퓨터 해석을 위한 회로 구성들은 앞에서 하드웨어 실험을 위해 만들어져 상세히 분석되었던 결과들을 그대로 활용하게 된다. 컴퓨터 해석을 통해 얻어진 결과들을, 앞에서 수행된 대응하는 실험 결과와 비교 분석을 위해 사용하게 된다.

이번 장에서는 옴의 법칙을 이해하기 위해서 사용된 하드웨어 회로를 다시 구성하여 컴퓨터 해석을 수행한다. 여기서는 주어진 저항회로에 대해서, 전압원의 전압값 변화에 따른 전류를 구하는 컴퓨터 프로그램을 작성하여 실행시켜 결과를 얻어내고, 실측을 통한 하드웨어 실험 결과와 비교하는 순서로 실험이 진행된다.

3. 실험 예비 문제

실험명	직류 실험 장비 사용법과 옴의 법칙								
학과		학년		학번		조		성명	
작성 일자			실 험 예정일			담당 교수		담당 조교	

(1) 그림 2-5의 회로에서 R값이 $2\mathrm{k}\Omega$ 과 $12\mathrm{k}\Omega$ 에 대한 전압 대 전류곡선($V-I$ 곡선)을 그래프 2-1에 각각 그려라.

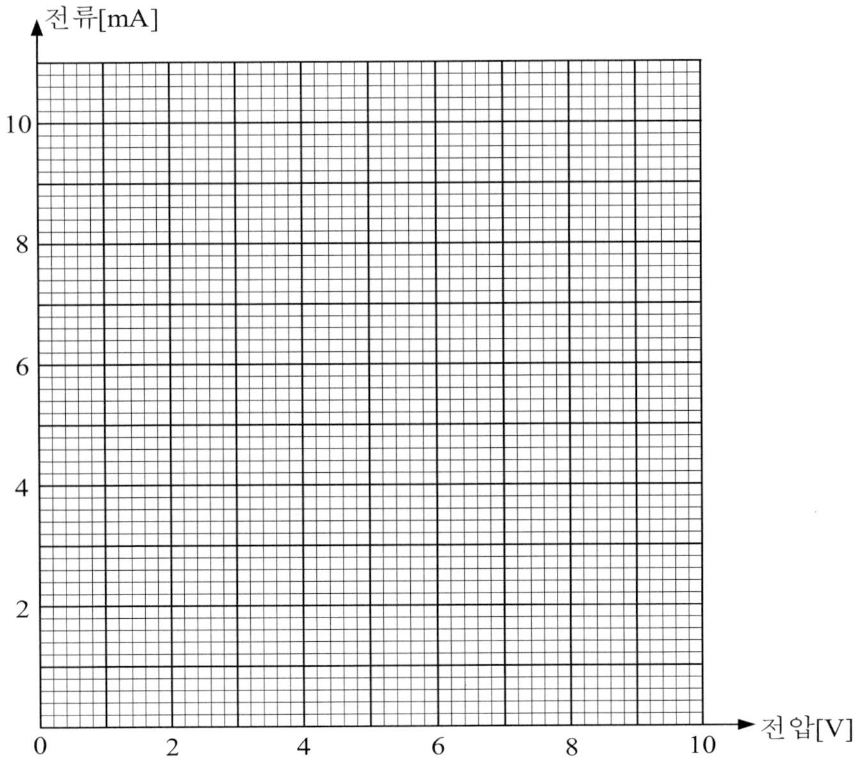

【그래프 2-1】

(2) 저항값이 증가함에 따라 기울기($s = \dfrac{\Delta I_R}{\Delta V_R}$)가 증가하는지 또는 감소하는지를 밝혀라.

(3) 이상적인 상태에서, 고정 저항값에 대한 $V-I$ 곡선은 항상 원점을 지나는 직선이 되는가?

(4) 그림 2-5의 회로에서 전압과 저항이 다음 표 2-1과 같을 때 흐르는 전류 I 를 구하여 빈 칸에 적어라.

【표 2-1】

전압 [V]	2	2	5	5	8	8	12	12
저항 [Ω]	300	820	1k	3k	4.7k	8.2k	10k	20k
전류 [mA]								

(5) 그림 2-6 회로의 저항에 흐르는 전류와 전압을 측정하고자 한다. A, B 중 전압계와 전류계를 구별하고 연결 시 극성을 표시하라.

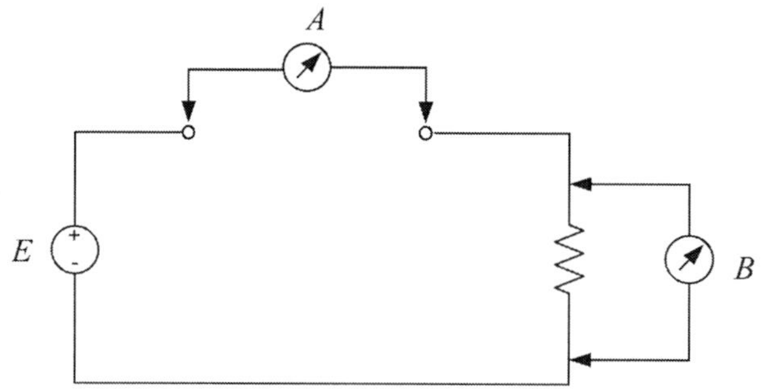

【그림 2-6】

(6) 테스터의 전환 손잡이를 DC. V 10V에 놓았을 때 그림 2-7과 같이 눈금을 가리켰을 때 전압은 몇 볼트[V]인가?

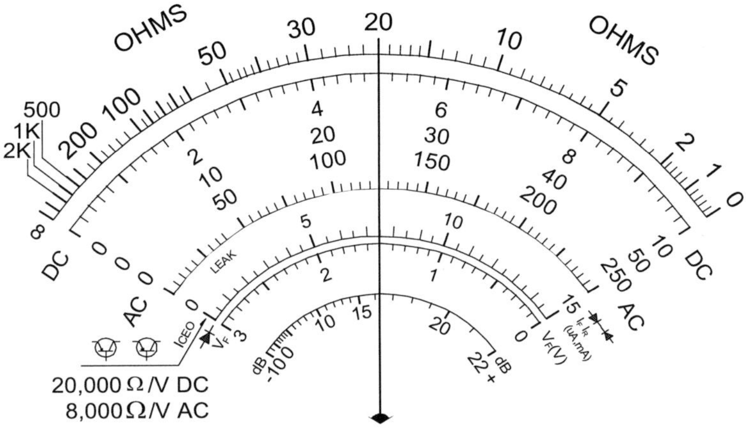

【그림 2-7】

4. 실 험

실험명	직류 실험 장비 사용법과 옴의 법칙								
학과		학년		학번		조		성명	
실험 일자			작성 일자			담당 교수		담당 조교	

(1) 사용기기 및 부품

측정계기 : 디지털 멀티미터(DMM) 1대
직류 전원 공급기 1대

저 항 기 : 1kΩ, 3kΩ, 1/4W (탄소) 저항기 1개

컴퓨터시스템 및 소프트웨어 : PSpice (Windows)나 C++, QBASIC, PASCAL, FORTRAN 등 필요한 프로그램 언어를 사용할 수 있도록 준비된 컴퓨터 시스템

(2) 실험과정

가. 옴의 법칙을 이용한 전류의 결정

여기서는 직렬연결 회로를 통해 흐르는 전류를 직접 측정하는 법과 옴의 법칙을 이용하여 얻어내는 법을 공부한다. 전류를 직접 측정할 때에는 전류계를 회로에 직렬로 삽입하기 위해서 회로를 끊어야 하는 과정을 거치게 되므로 불편이 따른다. 따라서 일반적으로 실험실에서는 특정 저항 양단의 전압을 측정하여 옴의 법칙을 이용하여 전류를 얻어내는 방식을 사용한다.

(a) 그림 2-8과 같이 회로를 구성한다. 여기서 전류 측정을 위한 전류계와 전압 측정을 위한 전압계는 DMM을 사용한다. 이때 전류계와 전압계의 방향과 극성을 그림에 보이는 것처럼 연결하였는지를 확인한다. 그림 2-8에서 저항값 R 을 측정하여 삽입한 후 먼저 DMM을 가장 높은 전환스위치 위치에 놓는다.

전원공급기를 조절하여 DMM을 통해 측정되는 R 양단의 전압이 V_R=4V가 되도록 맞춘다.

전류계로 사용하는 DMM의 전환스위치 값을 조절하면 전류계의 내부저항도 따라서 바뀌게 되므로 측정 전압에도 영향을 미치게 된다. 따라서 이러한 점을 고려하여 전류계 및 전압계의 전환스위치 값을 잘 조절하여 가장 정확하게 V_R이 4V가 얻어지도록 한다.

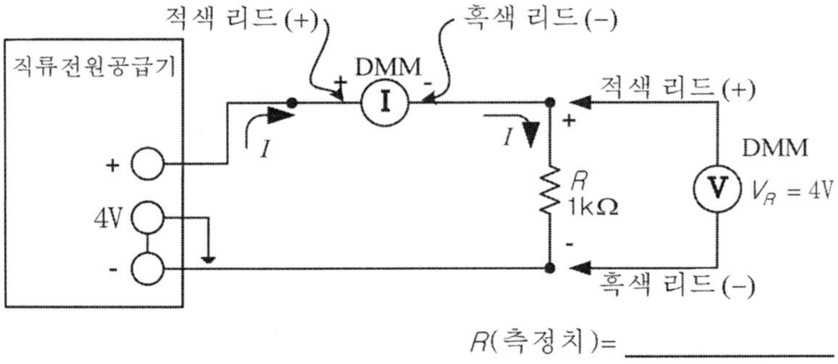

【그림 2-8】

DMM으로부터 얻어진 측정전류 I_R을 표 2-2에 기록하라. 다음은 옴의 법칙과 R양단에서 측정된 전압과 R의 측정치를 이용하여 전류 I_R을 계산한 결과를 표 2-2에 기록하라. 또한 두 값 사이의 오차를 식 (2-2)를 이용하여 구한 후 그 결과를 기록하라.

표 2-2의 다른 V_R값에 대해서도 앞에서와 동일한 절차를 이용하여 구하라.

$$오차(\%) = \left|\frac{I_R(DMM) - I_R}{I_R}\right| \times 100\% \qquad (2\text{-}2)$$

【표 2-2】

V_R(DMM)	I_R(DMM) [mA]	$I_R = V_R/R$(측정치) [mA]	오차(%)
0V	0	0	0%
4V			
8V			
12V			
16V			
20V			

표 2-2에서 얻어진 전류를 직접 측정한 결과와 옴의 법칙을 이용하여 얻어진 결과의 오차 값으로부터 얻어진 결론을 기술하라.

나. 옴의 법칙 그래프

(a) 표 2-2의 측정 데이터를 이용하여 전압 V_R의 변화에 따른 전류 I_R의 변화를 그래프 2-2에 나타내어라.

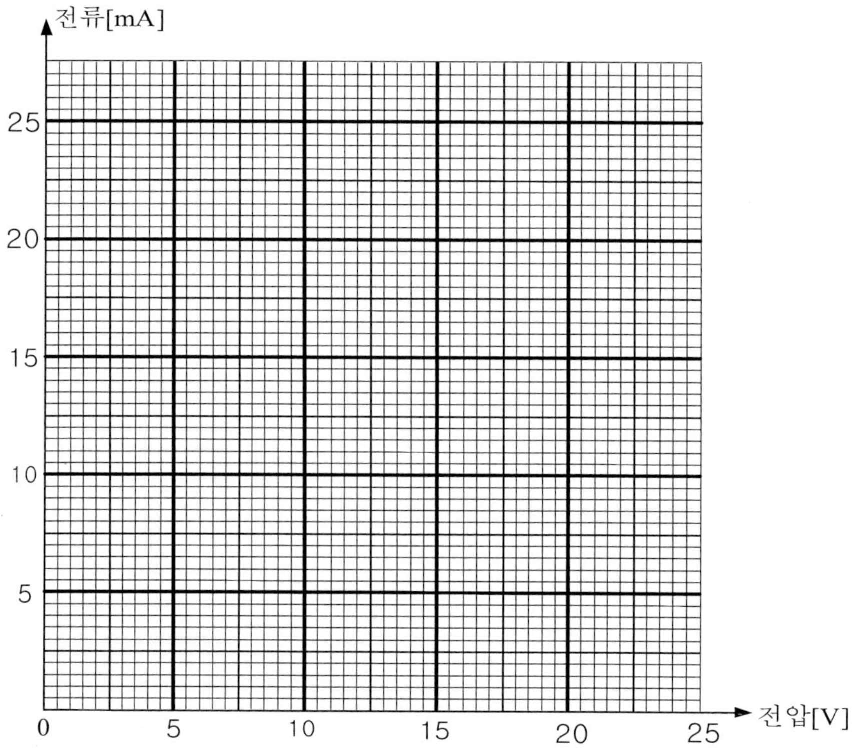

【그래프 2-2】

(b) (a)에서 주어진 결과를 이용하여, 그래프상의 전압 또는 전류에서의 저항값을 결정할 수 있다.

먼저 I_R=12mA에 대응하는 전압값을 그래프에서 찾아 기록하고, 옴의 법칙을 이용하여 저항값을 계산하여 기록하라.

V_R = ____________________

저항값 계산 :

R = ______________________

또한 I_R=8mA에 대응하는 전압값을 그래프에서 찾아 기록하고, 옴의 법칙을 이용하여 저항값을 계산하여 기록하라.

V_R = ______________________

저항값 계산 :

R = ______________________

다음은 V_R=18V에 대응하는 전류값을 그래프에서 찾아 기록하고, 옴의 법칙을 이용하여 저항값을 계산하여 기록하라.

I_R = ______________________

저항값 계산 :

R = ______________________

(c) 그림 2-9에서와 같이 전류의 변화량 ΔI_R 에 기인한 전압의 변화량 ΔV_R을 구하여 다음 식 (2-3)에 대입하여 저항값을 구할 수도 있다.

$$R = \frac{\Delta V_R}{\Delta I_R} \tag{2-3}$$

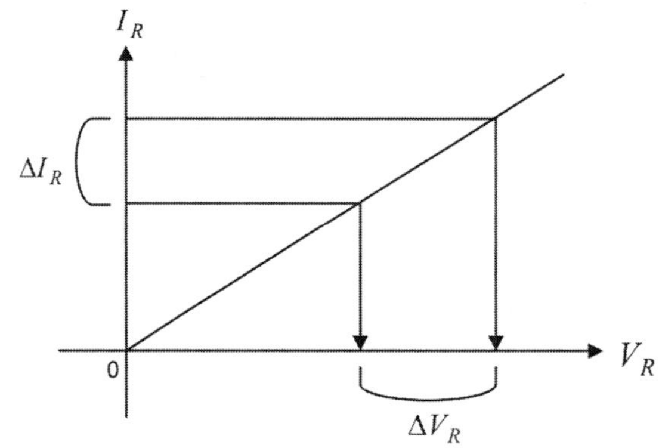

【그림 2-9】

그래프 2-2로부터 ΔI_R=10mA-4mA=6mA를 선택하여, 여기에 대응하는 ΔV_R을 구하여 기록하고, 이들 결과값을 식 (2-3)에 대입하여 저항값을 구하라.

ΔV_R = ________________________

저항값 계산 :

R = ________________________

다음은 그래프 2-2로부터 ΔV_R=10V-4V=6V를 선택하여, 여기에 대응하는 ΔI_R을 구하여 기록하고, 이들 결과값을 식 (2-3)에 대입하여 저항값을 구하라.

ΔI_R = ______________________

저항값 계산 :

R = ______________________

다. R=3kΩ에 대한 옴의 법칙 그래프

(a) R=3kΩ을 이용하여 그림 2-8의 회로를 재구성하라. 각 전압값에 대하여 DMM으로부터 얻어진 측정전류 I_R을 표 2-3에 기록하라. 다음은 옴의 법칙과 R양단에서 측정된 전압과 R의 측정치를 이용하여 전류 I_R을 계산한 결과를 표 2-3에 기록하라. 또한 두 값 사이의 오차를 식 (2-3)를 이용하여 구한 후 그 결과를 기록하라.

【표 2-3】

V_R(DMM)	I_R(DMM) [mA]	$I_R = V_R/R$(측정치) [mA]	오차(%)
0V	0	0	0%
4V			
8V			
12V			
16V			
20V			

(b) (a)에서 구해진 표 2-3의 측정 데이터를 이용하여 전압 V_R(DMM)의 변화에 따른 전류 I_R(DMM)의 변화를 그래프 2-3에 나타내어라.

(c) I_R=4mA에 대응하는 전압값을 그래프 2-3에서 찾아 기록하고, 옴의 법칙을 이용하여 저항값을 계산하여 기록하라.

V_R = ____________________

저항값 계산 :

R = ____________________

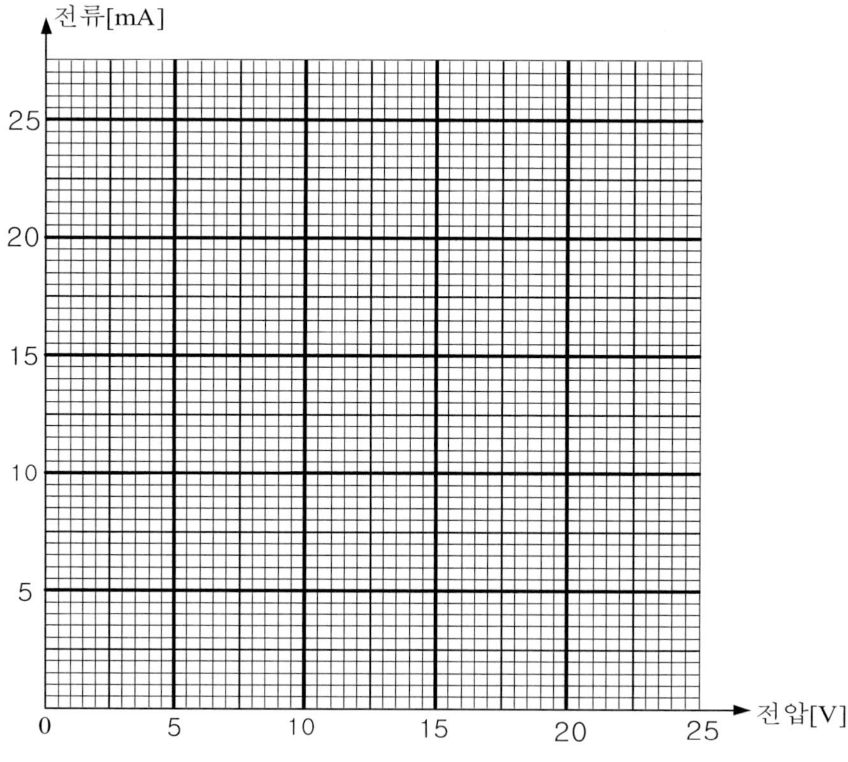

【그래프 2-3】

(d) 그래프 2-3으로부터 ΔI_R=10mA-4mA=6mA를 선택하여, 여기에 대응하는 ΔV_R을 구하여 기록하라. 또한 이들 결과값을 식 (2-3)에 대입하여 저항값을 구하라.

ΔV_R = ______________________

저항값 계산 :

R = ______________________

(e) 그래프 2-2와 그래프 2-3에서 두 직선의 기울기를 비교하여, 사용된 저항값이 커짐에 따라 기울기가 어떻게 변화하는지를 설명하라.

라. 컴퓨터 시뮬레이션

(a) 그림 2-8의 회로에서 주어진 저항값에 대하여, PSpice 또는 그 외의 적절한 프로그램 언어를 사용한 시뮬레이션을 수행하여 표 2-4에 주어진 각각의 전압값에 대한 전류를 구하라. 이때 표 안의 측정치는 앞의 실험 가(a)에서 얻어진 결과를 기록하라.

【표 2-4】

V_R(DMM)	$I_R = V_R/R$(측정치) [mA]	I_R(시뮬레이션결과) [mA]	오차(%)
0V	0	0	0%
4V			
8V			
12V			
16V			
20V			

(b) 표 2-4의 측정 데이터 및 시뮬레이션 결과를 이용하여 전압 V_R의 변화에 따른 전류 I_R의 변화를 그래프 2-4에 나타내어라.

(c) 측정 데이터에 의한 결과와 시뮬레이션 결과가 일치하는지를 확인하고, 차이가 있다면 그 이유를 설명하라.

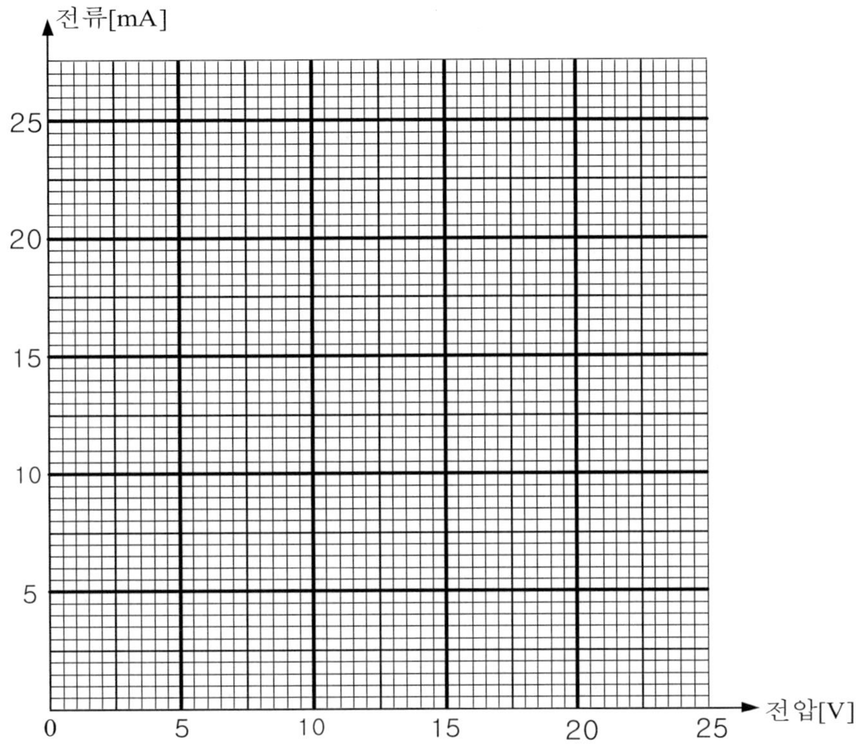

【그래프 2-4】

실험 3

저항의 직렬연결 해석

1. 목 적

(1) 직류회로 내에서 모든 저항기가 직렬연결 되어 있을 때 저항계를 사용하거나 옴의 법칙을 적용하여 총 저항을 구하는 법을 익힌다.

(2) 직류회로 내에서 직렬 연결된 저항기의 총 저항을 계산하는 법을 익힌다.

(3) 직렬연결 되어 있는 각 저항기가 회로 내의 전류, 전압 강하 등에 미치는 영향을 관찰한다.

(4) 앞의 실험에서 배운 DMM의 저항계 기능의 사용법이 더욱 익숙해지도록 한다.

2. 관련 이론

회로 내에서 여러 개의 저항이 직렬로 연결되어 있을 때를 저항의 직렬연결이라고 하며, 직렬연결 회로의 총 저항(Total Resistance) 또는 등가저항(Equivalent Resisitance) R_T는 개별저항을 합한 값이 된다. 이와 같은 결과가 성립함을 살펴보기 위하여 그림 3-1(a)에서와 같이 세 개의 저항이 직렬로 연결되어 있는 회로를 그림 3-1(b)와 같이 하나의 저항 R_T 로 대치할 수 있다고 가정한다. 이제 그림 3-1(a) 의 회로에 키르히호프의 전압법칙과 옴의 법칙을 적용하면 식 (3-1)을 얻는다.

$$E = V_1 + V_2 + V_3 = R_1 I + R_2 I + R_3 I$$
$$= (R_1 + R_2 + R_3) I \qquad (3\text{-}1)$$

이 결과를 그림 3-1(b)에서 성립하는 간단한 방정식, 식 (3-2)와 비교하면 식 (3-3)과 같은 등가저항을 얻을 수 있다.

$$E = R_T I \qquad (3\text{-}2)$$

와 비교하면 다음과 같은 등가저항을 얻을 수 있다.

$$R_T = R_1 + R_2 + R_3 \qquad (3\text{-}3)$$

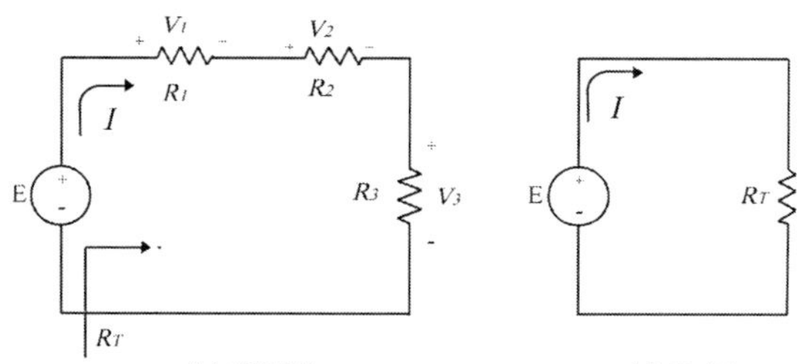

(a) 직렬회로 (b) 등가회로

【그림 3-1】

일반적으로, N 개의 저항기 R_1, R_2, ... R_N 이 직렬로 연결된 회로에서의 총 저항은 식 (3-4)와 같이 된다.

$$R_T = \sum_{n=1}^{N} R_n \qquad (3\text{-}4)$$

특수한 경우로서 직렬 연결된 저항기가 모두 동일한 저항값을 가질 때 총 저항을 구하기 위해서는 하나의 저항값과 직렬 연결된 저항기의 개수를 곱해주면 된다. 즉,

$$R_T = NR \tag{3-5}$$

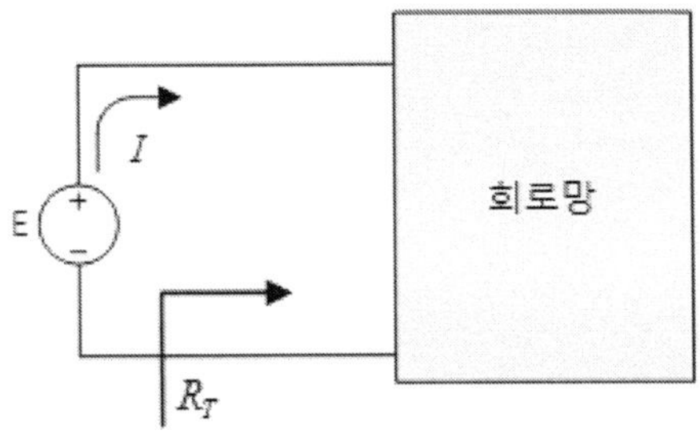

【그림 3-2】

그림 3-2와 같은 임의의 회로망에 전압 E 가 인가된 경우에 이 회로망을 흐르는 전류 I 를 측정할 수 있다면, 주어진 전압과 측정된 전류값을 식 (3-6)의 옴의 법칙을 위한 식에 대입하여 회로망 내의 총 저항을 구할 수 있다.

$$R_T = \frac{E}{I} \tag{3-6}$$

3. 실험 예비 문제

실험명	저항의 직렬연결 해석								
학과		학년		학번		조		성명	
작성 일자			실 험 예정일			담당 교수		담당 조교	

(1) 그림 3-3과 같이 주어진 회로망에 대해서, 단자 A, B 양단에서 들여다본 총 저항을 구하라.

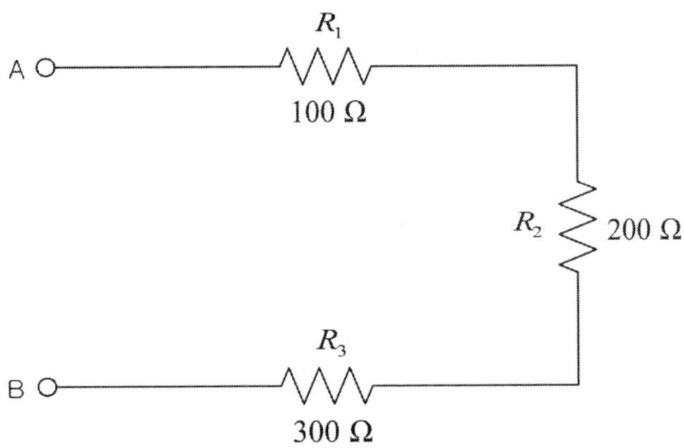

【그림 3-3】

R_T = ________________

(2) 그림 3-4와 같이 주어진 회로망에 대해서, 회로망의 총 저항 R_T 와 R_T' 를 구하는 과정과 결과를 보여라.

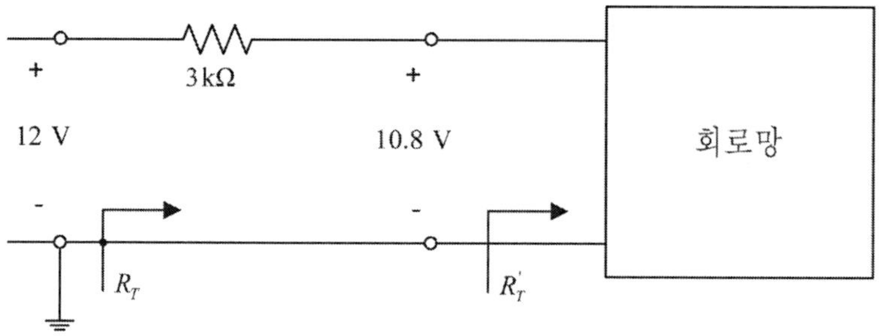

【그림 3-4】

R_T = ______________________

R_T' = ______________________

(3) 그림 3-5와 같이 주어진 회로망에 대해서, 저항값 R_2를 구하라.

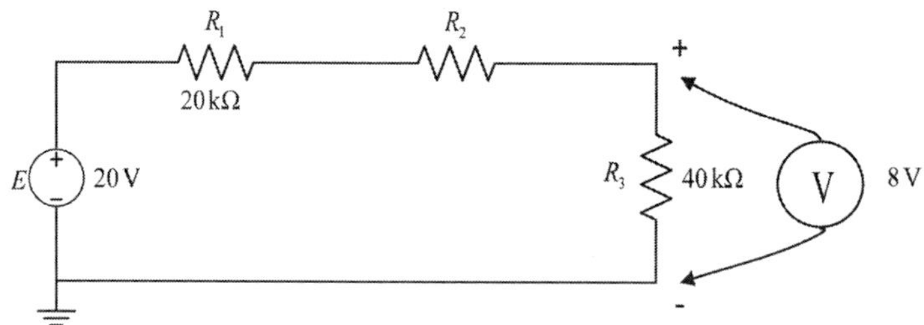

【그림 3-5】

R_2 = ______________________

4. 실 험

<table>
<tr><td>실험명</td><td colspan="8">저항의 직렬연결 해석</td></tr>
<tr><td>학과</td><td></td><td>학년</td><td></td><td>학번</td><td></td><td>조</td><td></td><td>성명</td><td></td></tr>
<tr><td>실험
일자</td><td colspan="2"></td><td>작 성
예정일</td><td colspan="2"></td><td>담당
교수</td><td></td><td>담당
조교</td><td></td></tr>
</table>

(1) 사용기기 및 부품

측정계기 : 디지털 멀티미터(DMM) 1대
직류 전원 공급기 1대

저 항 기 : 100Ω, 200Ω, 500Ω, 600Ω, 1kΩ, 100kΩ, 1/4W (탄소) 저항기 각 1개
300Ω, 1/4W (탄소) 저항기 3개

(2) 실험과정

가. 두 개의 직렬 저항

(a) 그림 3-6에서와 같이 두 개의 저항 100Ω과 200Ω을 직렬로 연결하라.

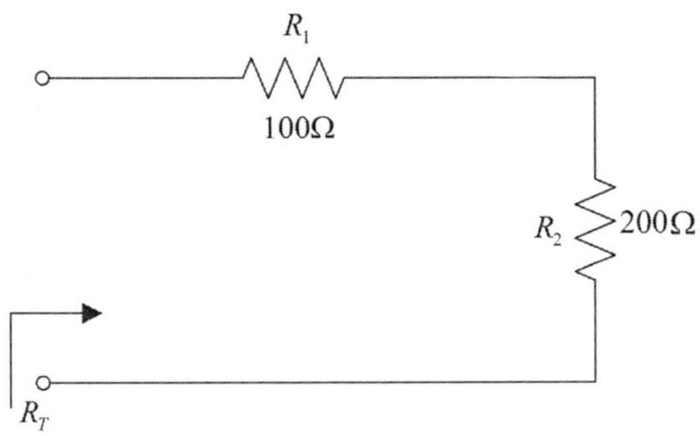

R_1(측정치) = ______________

R_2(측정치) = ______________

【그림 3-6】

그림 3-6의 오른편의 빈칸에 두 저항값을 각각 저항계로 측정하여 기록하라.

(b) 측정 저항값들을 사용하여 총 저항을 계산하고 그 결과를 기록하라.

R_T = ______________________________

(c) DMM의 저항계 기능을 사용하여 총 저항을 측정하고 그 결과를 기록하라.

R_T = ______________________________

측정치와 계산치를 비교하기 위하여 식 (3-7)의 오차식을 사용하여 계산한 후 그 결과를 기록하라.

$$\text{오차}\,(\%) = \left|\frac{\text{계산치} - \text{측정치}}{\text{계산치}}\right| \times 100\% \qquad (3\text{-}7)$$

오차 (%) = ______________________________

(d) DMM을 사용하여 직류전원공급기의 전압을 10V로 조정하라. 다음은 전원공급기 전원을 끈 후, 그림 3-7의 회로를 구성하라.

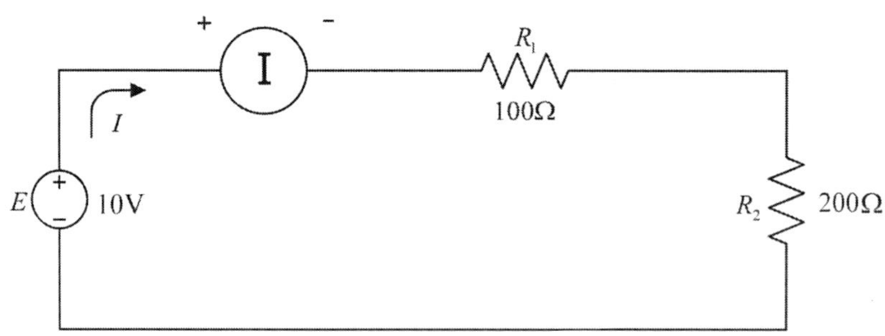

【그림 3-7】

DMM을 전류계로 사용하여 그림 3-7의 회로를 흐르는 전류 I 를 측정한다. 이때 일반적으로 전류계의 적색 리드선은 전원공급기로부터 전류가 전류계로 들어오는 단자에 연결하고 전류계로부터 전류가 나가는 단자는 DMM의 접지(COM)와 연결한다. 또한 전류값을 모르는 상태이므로 가능한 한 최대전류 측정이 가능한 스케일에 전류계를 맞추어야 한다. 회로의 올바른 구성 여부와 함께 이와 같은 상황들을 확인한 후 전원공급기의 전원을 켜고 전류계를 통해 얻어진 전류값을 기록하라.

I = ______________________________

(e) (d)에서 얻어진 전류값과 인가전압을 식 (3-6)에 대입하여 총 저항을 계산하라.

R_T = ______________________________

이 결과를 앞의 (c)에서 구한 결과와 비교하라.

나. 다섯 개의 직렬 저항

(a) 그림 3-8에서와 같이 다섯 개의 저항을 직렬로 연결하라.

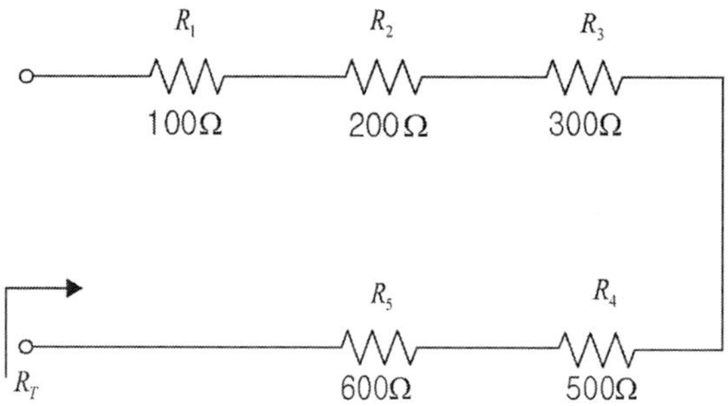

R_1(측정치) = ______

R_2(측정치) = ______

R_3(측정치) = ______

R_4(측정치) = ______

R_5(측정치) = ______

【그림 3-8】

그림 3-8의 오른편의 빈칸에 다섯 개의 저항값을 각각 저항계로 측정하여 기록하라.

(b) 측정 저항값들을 사용하여 총 저항을 계산하고 그 결과를 기록 하라.

R_T = ______

(c) DMM의 저항계 기능을 사용하여 총 저항을 측정하고 그 결과를 기록하라.

R_T = ______

측정치와 계산치를 비교하기 위하여 식 (3-7)의 오차식을 사용하여 계산한 후 그 결과를 기록하라.

오차 (%) = ______________________________

(d) DMM을 사용하여 직류전원공급기의 전압을 10V로 조정하라. 앞의 가(d)에서와 동일한 과정을 거쳐 그림 3-8의 회로를 흐르는 전류를 구하여 그 값을 기록하라.

I = ______________________________

(e) (d)에서 얻어진 전류값과 인가전압을 식 (3-6)에 대입하여 총 저항을 계산하라.

R_T = ______________________________

이 결과를 앞의 (c)에서 구한 결과와 비교하라.

다. 동일 직렬 저항

(a) 그림 3-9에서와 같이 동일한 값을 가지는 세 개의 저항을 직렬로 연결하라.

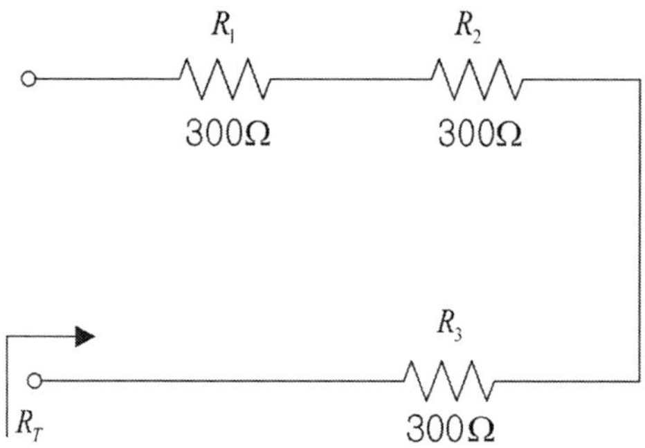

R_1(측정치) = ____________

R_2(측정치) = ____________

R_3(측정치) = ____________

【그림 3-9】

그림 3-9의 오른편의 빈칸에 세 개의 저항값을 각각 저항계로 측정하여 기록하라.

(b) 그림 3-9과 같이 이론치가 300Ω인 저항 세 개가 직렬 연결된 경우, 식 (3-5)에 이론적 저항값을 대입하여 총 저항값을 계산하고 그 결과를 기록하라.

R_T = ______________________

(c) DMM의 저항계 기능을 사용하여 총 저항을 측정하고 그 결과를 기록하라.

R_T = ______________________

측정치와 계산치를 비교하기 위하여 식 (3-7)의 오차식을 사용하여 계산한 후 그 결과를 기록하라.

오차 (%) = ________________________

사용하는 저항의 이론치와 식 (3-5)를 활용할 수 있을 만큼 이론치와 측정치 오차가 충분히 작은지에 대해서 기술하라.

(d) 각 저항기의 측정치를 사용하여 총 저항을 계산한 후 그 결과를 기록하라

R_T = ________________________

이 결과를 앞의 (c)에서 구한 결과와 비교하라.

라. 서로 다른 값을 가지는 직렬 저항

(a) 그림 3-10에서와 같이 서로 다른 값을 가지는 세 개의 저항을 직렬로 연결하라.

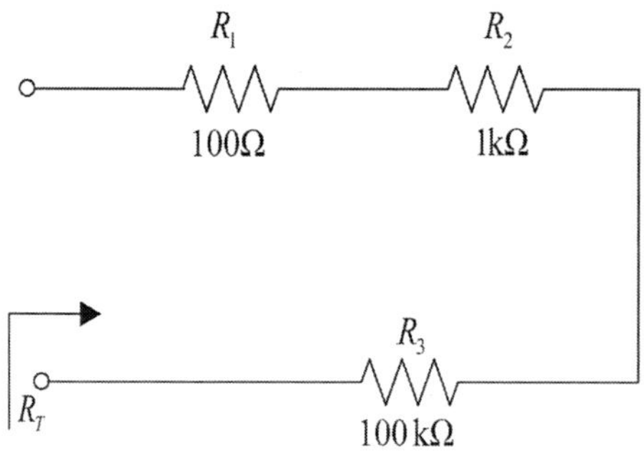

R_1(측정치) = ____________

R_2(측정치) = ____________

R_3(측정치) = ____________

【그림 3-10】

그림 3-10의 오른편의 빈칸에 세 개의 저항값을 각각 저항계로 측정하여 기록하라.

(b) 측정 저항값들을 사용하여 총 저항을 계산하고 그 결과를 기록하라.

R_T = ____________________

(c) DMM의 저항계 기능을 사용하여 총 저항을 측정하고 그 결과를 기록하라.

R_T = ____________________

(d) R_1=100Ω이 R_3=100kΩ 에 비해 매우 작으므로, R_1을 제외한 후 나머지 측정 저항값들을 직렬 연결하여 총 저항을 계산하고 그 결과를 기록하라.

R_T = ______________________

R_1을 제외한 후, DMM의 저항계 기능을 사용하여 나머지 저항들을 직렬연결한 후 총 저항을 측정하고 그 결과를 기록하라.

R_T = ______________________

여기서 측정된 R_T 결과값과 라(c)의 측정값을 비교하기 위하여 식 (3-7)의 오차식을 사용하여 계산한 후 그 결과를 기록하라.

오차 (%) = ______________________

(e) R_1과 R_2를 모두 제거한 후 나머지 측정 저항 R_3 하나만을 사용하여 총 저항을 계산하고 그 결과를 기록하라.

R_T = ______________________

R_1과 R_2를 모두 제거한 후, DMM의 저항계 기능을 사용하여 나머지 측정 저항 R_3 하나 만의 총 저항을 측정하고 그 결과를 기록하라.

R_T = ____________________

여기서 측정된 R_T 결과값과 라(c)의 측정값을 비교하기 위하여 식 (3-7)의 오차식을 사용하여 계산한 후 그 결과를 기록하라.

오차 (%) = ____________________

(f) 라(d)와 라(e)에서 구한 오차에 주목하여, 직렬 연결된 저항기 중 가장 큰 저항값이 나머지 다른 저항값들에 비해 아주 큰 경우에는 총 저항은 가장 큰 저항값으로 근사화 하여도 무리가 없는지를 설명하라.

(g) 그림 3-10의 회로망에 10V의 전압을 인가한 후, 앞에서와 동일한 과정을 거쳐 전류 I를 측정하여 그 값을 기록하라.

I = ____________________

이렇게 얻어진 전류값과 인가전압을 식 (3-6)에 대입하여 총 저항을 계산하라.

R_T = ______________________________

(h) (g)에서 측정된 R_T 결과값과 라(b)의 계산값을 비교하기 위하여 식 (3-7)의 오차식을 사용하여 계산한 후 그 결과를 기록하라.

오차 (%) = ______________________________

마. 직렬 저항 내의 한 소자가 단락된 경우

(a) 그림 3-11에서와 같이 서로 다른 값을 가지는 세 개의 저항을 직렬로 연결한 후 R_3 양단을 도선을 사용하여 단락시킨다.

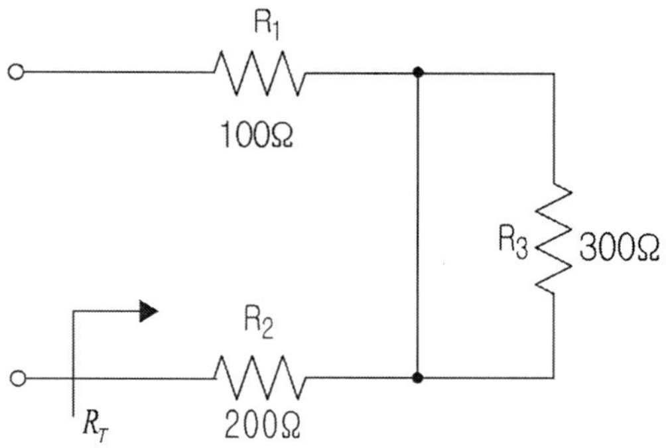

R_1(측정치) = ____________

R_2(측정치) = ____________

R_3(측정치) = ____________

【그림 3-11】

그림 3-11의 오른편의 빈칸에 세 개의 저항값을 각각 저항계로 측정하여 기록하라.

(b) 측정 저항값들을 사용하여 총 저항을 계산하고 그 결과를 기록하라.

R_T = ____________________________

(c) DMM의 저항계 기능을 사용하여 총 저항을 측정하고 그 결과를 기록하라.

R_T = ____________________________

(d) 마(c)에서 측정된 R_T 결과값과 아(b)의 계산값을 비교하기 위하여 식 (3-7)의 오차 식을 사용하여 계산한 후 그 결과를 기록하라.

오차 (%) = ______________________________

(e) 만일 얻어진 오차가 매우 작다면 마(b)의 이론적 계산 결과가 옳다고 가정할 수 있다. 그렇다면 그림 3-11에서 총 저항에 기여하는 직렬 연결된 저항기들은 어떤 것들인지를 기술하라.

실험 4

저항의 직렬연결 직류 회로 실험

1. 목 적

(1) 직렬 직류 회로 내의 전압과 전류를 정확히 측정하는 법을 익힌다.

(2) 키르히호프의 전압법칙을 이해하고 실험적으로 입증한다.

(3) 전압 분배 법칙을 응용하는 법을 실험적으로 익힌다.

(4) DMM의 사용법을 확실히 숙지하도록 한다.

(5) 직렬 직류 회로 해석을 위하여 컴퓨터 시뮬레이션을 적용하는 법을 익힌다.

(6) 컴퓨터 시뮬레이션에 의해 얻어진 결과와 실험치와의 비교 방법을 익힌다.

2. 관련 이론

직렬 회로 내에서 모든 회로 소자를 통해 흐르는 전류는 항상 같다. 즉, 그림 4-1에 보이는 것처럼 직렬 회로에 연결된 어떠한 임의의 소자를 통해 흐르는 전류라도 항상 I 가 된다.

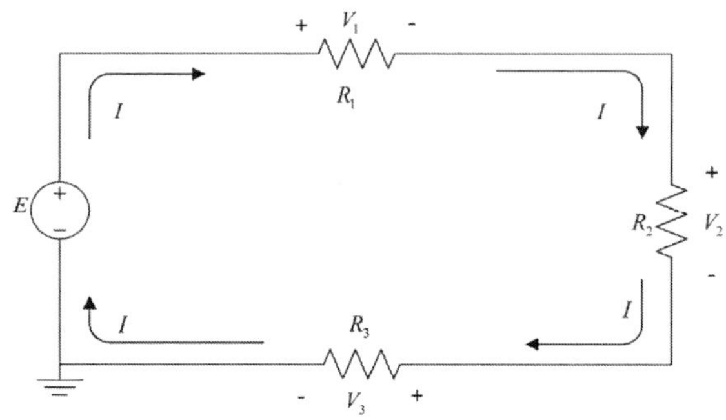

【그림 4-1】

인가전압을 E, 총 저항을 R_T 라고 하면, 옴의 법칙에 의해 전류 I 는 $I = E/R_T$가 된다.

한편, **키르히호프의 전압법칙**(KVL : Kirchhoff's Voltage Law)이란 회로망 내의 임의의 폐회로를 따라 일정한 방향으로 한 바퀴 돌면서 얻어진 전압강하(또는 전압상승)의 합은 각 순간에 있어서 0이 된다는 것이다. 따라서 그림 4-1의 폐루프를 돌면서 KVL을 적용하면 다음 식 (4-1)과 같이 얻어진다.

$$E = V_1 + V_2 + V_3 \tag{4-1}$$

여기서

$$V_1 = IR_1,\ V_2 = IR_2,\ V_3 = IR_3$$

직렬 회로망에서 각 소자(또는 임의의 소자의 조합) 양단에 걸리는 전압은 소자 저항값(또는 임의의 소자 조합의 저항값의 합)을 총 저항으로 나눈 후 인가전압을 곱하여 얻어진다는 것을 **전압분배법칙**이라고 한다. 이에 따라, 그림 4-1의 회로 내의 각 소자 양단에 걸리는 전압은 다음 식 (4-2)와 같이 얻어진다.

$$V_1 = \frac{R_1 E}{R_T},\quad V_2 = \frac{R_2 E}{R_T},\quad V_3 = \frac{R_3 E}{R_T} \tag{4-2}$$

여기서

$$R_T = R_1 + R_2 + R_3$$

또한 이번 장에서는 직렬 연결된 직류 회로 특성을 이해하기 위해서 사용된 하드웨어 회로를 다시 구성하여 컴퓨터 해석을 수행한다.

3. 실험 예비 문제

실험명	저항의 직렬연결 직류 회로 실험								
학과		학년		학번		조		성명	
작성 일자		실 험 예정일				담당 교수		담당 조교	

(1) 그림 4-2와 같이 주어진 회로망에 대해서, 다음의 물음에 답하라.

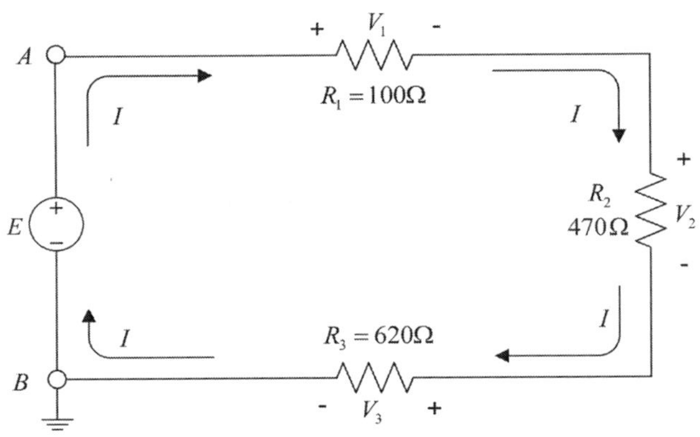

【그림 4-2】

(a) 단자 A, B 양단에서 들여다 본 총 저항 R_T 는 얼마인가?

R_T = ________________

(b) 단자 A, B 양단에 $E = 20\,\text{V}$ 전압을 인가했을 때 회로를 흐르는 전류는 얼마인가?

I = ______________________________

(c) 이 때 각 저항 R_1, R_2, R_3 양단에서의 전압강하 V_1, V_2, V_3는 얼마인가?

V_1 = ______________________________

V_2 = ______________________________

V_3 = ______________________________

(2) 그림 4-3과 같이 주어진 회로망에서 측정 전압 V_1이 6V로 얻어졌다면, 전압분배법칙을 사용하여 저항기 R 값을 구하라.

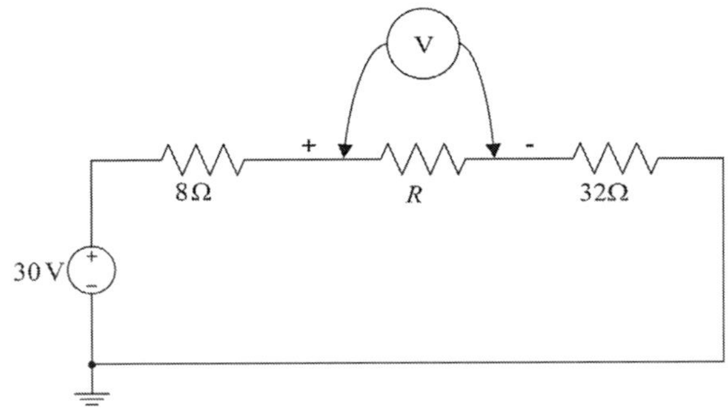

【그림 4-3】

R = ________________

(3) 그림 4-4와 같이 주어진 회로망에 대해서,

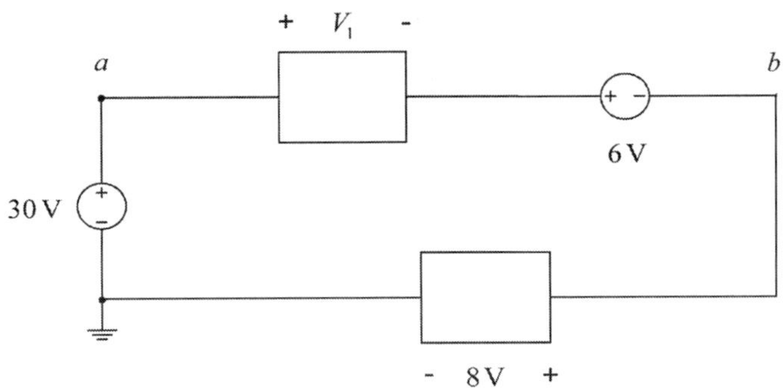

【그림 4-4】

(a) 전압 V_1을 구하라.

V_1 = ______________________________

(b) 단자 a, b 양단의 전압 V_{ab} 를 구하라.

V_{ab} = ______________________________

4. 실 험

실험명	저항의 직렬연결 직류 회로 실험							
학과		학년		학번		조		성명	
실험 일자			작성 일자			담당 교수		담당 조교	

(1) 사용기기 및 부품

측정계기 : 디지털 멀티미터(DMM) 1대
직류 전원 공급기 1대

저 항 기 : 100Ω, 200Ω, 300Ω, 500Ω, 600Ω, 1kΩ, 1MΩ, 1/4W (탄소) 저항기 각 1개

컴퓨터시스템 및 소프트웨어 : PSpice (Windows)나 C++, QBASIC, PASCAL, FORTRAN 등 필요한 프로그램 언어를 사용할 수 있도록 준비된 컴퓨터 시스템

(2) 실험과정

가. 키르히호프 전압법칙 및 총 저항 측정

(a) 그림 4-5와 같이 회로를 구성하라.

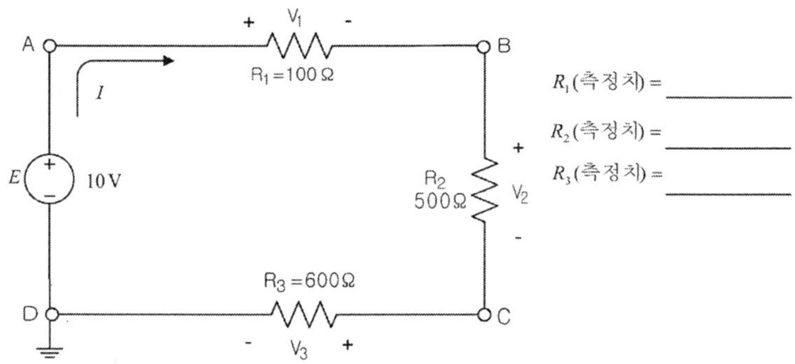

【그림 4-5】

그림 4-5의 오른편의 빈칸에 세 저항값을 각각 저항계로 측정하여 기록하고, DMM을 사용하여 $E = 10\mathrm{V}$ 로 고정하라.

DMM을 사용하여 전원공급기 양단의 전압과 각 저항 양단의 전압을 측정하여 기록하라. 이때 각 소자 양단의 전압의 극성에 주의하면서 측정하여야 한다.

E = ______________ V_1 = ______________

V_2 = ______________ V_3 = ______________

측정 결과로부터 $E = V_1 + V_2 + V_3$ 즉, KVL이 성립하는지를 관찰하여 그 결과를 기술하라.

(b) 각 저항 양단의 측정 전압, 측정 저항값들을 옴의 법칙에 적용하여 각 저항기를 통해 흐르는 전류를 계산하고 그 결과를 기록하라.

I_1 = ______________ I_2 = ______________

I_3 = ______________

위에 계산된 I_1, I_2, I_3 값을 비교하여, 직렬 회로망을 통해 흐르는 전류에 대한 특징을 기술하라.

(c) 그림 4-6에 보이는 것처럼 DMM의 전류계 기능을 사용하여 전류 I를 각 점 A, B, C, D에서 측정한 결과를 기록하라. 이때 사용하는 계기의 극성에 유의한다.

I(점 A에서) = __________ I(점 B에서) = __________

I(점 C에서) = __________ I(점 D에서) = __________

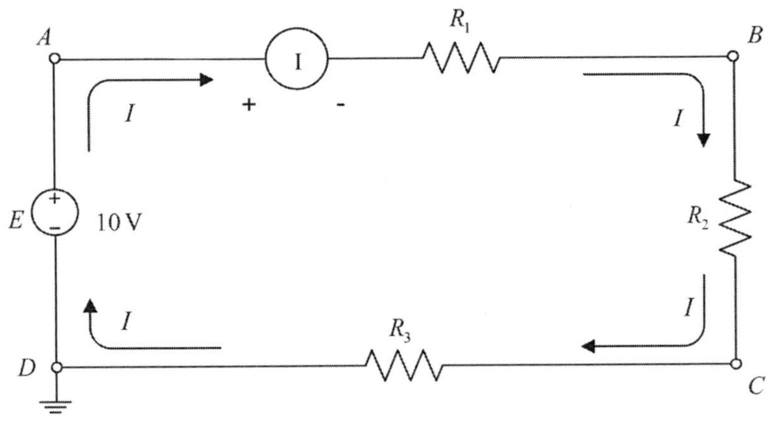

【그림 4-6】

여기서 얻어진 결과가 앞의 (b)에서 얻어진 결론을 입증해주고 있는지를 기술하라.

(d) 측정 저항값들을 사용하여, 총 저항 및 회로를 통해 흐르는 전류를 계산하라.

R_T = ______________________________

I = ______________________________

(e) 다음 식 (4-3)과 (c)에서 얻어진 점 A에서의 전류값을 사용하여 총 저항을 계산하라.

$$R_T = \frac{E}{I} \tag{4-3}$$

R_T = ______________________________

이 값을 (d)에서 얻어진 값과 비교하라.

(f) 전원공급기 전원을 끈 후, 전원공급기를 제거한 상태에서 DMM을 사용하여 단자 A, D 양단의 입력 저항을 측정한 다음 그 결과를 기록하라.

R_T = ______________________________

이 값을 (d)와 (e)에서 얻어진 값들과 비교하라.

나. 전압 분배 법칙

(a) 그림 4-7과 같이 회로를 구성하라.

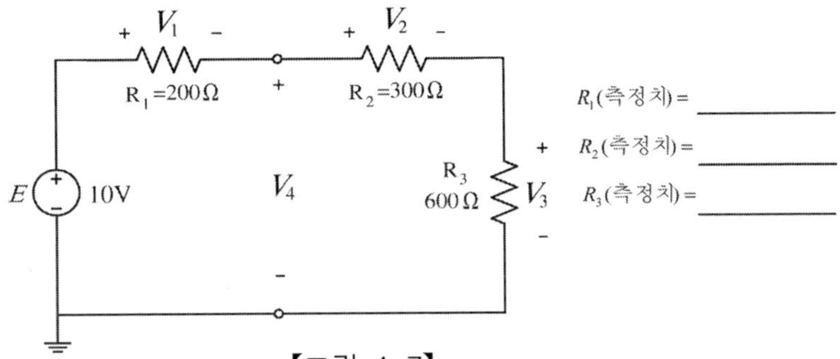

【그림 4-7】

그림 4-7의 오른편의 빈칸에 세 저항값을 각각 저항계로 측정하여 기록하라.

(b) R_2값은 R_1값의 약 1.5배이다. 전압 V_2와 V_1의 차이는 어떻게 될 것으로 예측하는가?

V_1과 V_2를 측정하여 그 값들을 기록하고, 앞의 가정과 잘 일치하는지를 기술하라.

V_1 = ________________

V_2 = ________________

(c) R_3값은 R_2값의 약 2배이며 R_1값의 약 3배이다. 전압 V_3을 V_2와 V_1과 비교

하면 그 차이가 어떻게 될 것으로 예측하는가?

V_3을 측정하여 그 값을 기록하고, 앞의 가정과 잘 일치하는지를 기술하라.

V_3 = ______________________

(d) 전압분배법칙과 측정 저항값을 이용하여 V_3를 계산하라.

V_3 = ______________________

(e) (c)에서 측정된 V_3의 결과값과 (d)의 계산값을 비교하기 위하여 식 (4-4)의 오차식을 사용하여 계산한 후 그 결과를 기록하라.

$$\text{오차}\ (\%) = \left|\frac{\text{계산치} - \text{측정치}}{\text{계산치}}\right| \times 100\% \tag{4-4}$$

오차 (%) = __________________________

(f) 전압분배법칙과 측정 저항값들을 이용하여 R_2와 R_3 양단의 전압 V_4를 계산하라.

V_4 = ____________________

(g) V_4를 측정하고 이 결과값과 (f)에서 계산된 V_4의 결과값을 비교하기 위하여 식 (4-4)의 오차식을 사용하여 계산한 후 그 결과를 기록하라.

V_4 = ____________________

오차 (%) = ____________________

(h) 그림 4-8과 같이 회로를 구성하라.

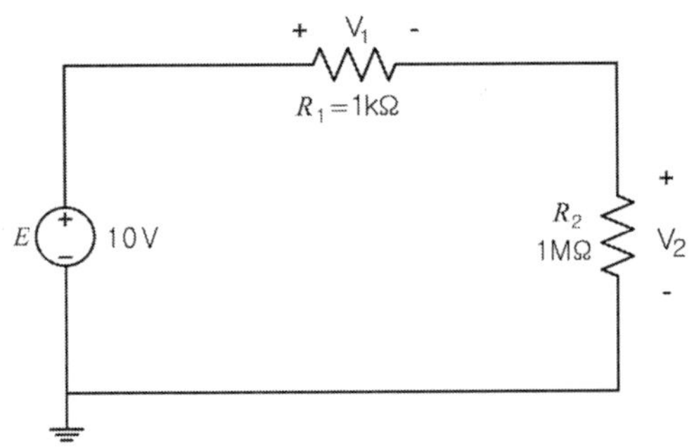

R_1(측정치) = ____________

R_2(측정치) = ____________

【그림 4-8】

인가전압이 R_1과 R_2 양단에 각각 어떻게 나누어질 것으로 예측되는지를 R_1값과 R_2값에 주목하면서 기술하라.

(i) V_1과 V_2를 측정하여 그 값들을 기록하고, (h)에서의 결론과 잘 일치하는지를 기술하라.

V_1 = ______________________

V_2 = ______________________

다. 개방 회로

(a) 그림 4-9와 같이 회로를 구성하라.

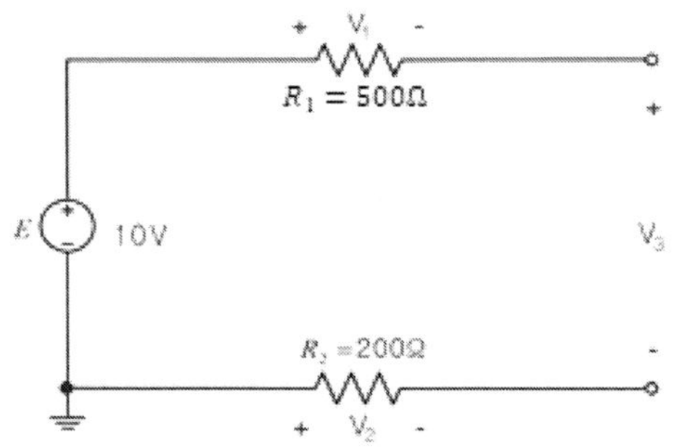

R_1(측정치) = __________

R_2(측정치) = __________

【그림 4-9】

그림 4-9의 오른편의 빈칸에 두 저항값을 각각 저항계로 측정하여 기록하라.

(b) V_1, V_2, V_3을 계산하고 그 결과를 설명하라.

V_1 = ______________ V_2 = ______________

V_3 = ______________

(c) DMM을 이용하여 V_1, V_2, V_3을 측정하고, 이 측정치들이 앞의 (b)에서 계산된 결과와 비교 설명하라.

라. 컴퓨터 시뮬레이션

(a) 전압분배법칙 및 키르히호프의 전압법칙에 대한 실험으로서 그림 4-7의 회로에서 측정된 저항값들에 대하여, PSpice 또는 그 외의 적절한 프로그램 언어를 사용한 시뮬레이션을 수행하여 각 저항 양단의 전압 V_1, V_2, V_3과 V_4를 구하라.

【표 4-1】

전압	측정값 [V]	시뮬레이션 결과 [V]	오차(%)
V_1			
V_2			
V_3			
V_4			

(b) 위의 나(a)~(i)까지의 실험결과와 라(a)의 시뮬레이션 결과가 일치하는지를 확인하고, 차이가 있다면 그 이유를 설명하라.

실험 5

저항의 병렬연결 해석

1. 목 적

(1) 저항계를 사용하거나 옴의 법칙을 적용하여 병렬 회로망의 총 저항을 구하는 법을 익힌다.

(2) 각 병렬 저항값의 상대적 크기가 총 저항에 미치는 영향을 관찰한다.

(3) 회로망에 연결된 저항들 중 어떤 것들이 병렬 연결되어 있는지를 구분하는 법을 배운다.

2. 관련 이론

회로 내에서 여러 개의 저항이 병렬로 연결되어 있을 때를 병렬연결이라고 한다.

그림 5-1(a)과 같이 저항 R_1, R_2, R_3 가 병렬로 연결되어 있는 회로에, 키르히호프의 전류법칙과 옴의 법칙을 적용하면 식 (5-1)과 같은 관계식이 성립한다.

$$I = I_1 + I_2 + I_3 = \frac{E}{R_1} + \frac{E}{R_2} + \frac{E}{R_3} \quad (5\text{-}1)$$

$$= \left(\frac{1}{R_1} + \frac{1}{R_2} + \frac{1}{R_3}\right)E$$

이를 그림 5-1(b)의 등가회로에서 성립하는 식 (5-2)와 비교하면 식 (5-3)과 같은 등가저항 또는 총 저항을 얻을 수 있다.

$$I = \frac{E}{R_T} \qquad (5\text{-}2)$$

$$\frac{1}{R_T} = \frac{1}{R_1} + \frac{1}{R_2} + \frac{1}{R_3} \qquad (5\text{-}3)$$

즉, 병렬 연결된 회로의 총 저항은 개별저항을 역수로 취하여 합한 전체를 역수로 취하면 된다.

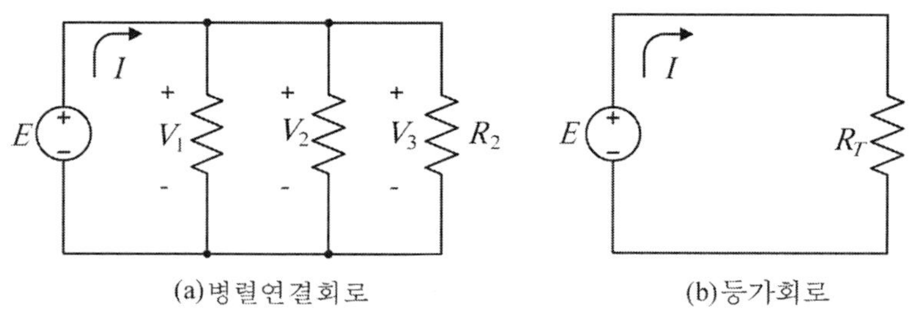

【그림 5-1】

일반적으로 N 개의 저항 R_1, R_2, ... R_N이 병렬로 연결되어 있는 경우에 있어서의 총 저항 또는 등가저항 (R_T)는 다음 식 (5-4)과 같이 주어진다.

$$\frac{1}{R_T} = \frac{1}{R_1} + \frac{1}{R_2} + \dots + \frac{1}{R_N} \qquad (5\text{-}4)$$

만일 단지 두 개의 저항만이 병렬로 연결되어 있는 경우에는 식 (5-5)와 같이 편리한 공식을 사용할 수 있다.

$$R_T = \frac{R_1 R_2}{R_1 + R_2} \tag{5-5}$$

또한 N개의 동일한 크기의 저항이 서로 병렬로 연결되어 있을 때의 총 저항은 식 (5-6)에서와 같이 하나의 저항값을 병렬 저항의 개수 N으로 나눈 값이 된다.

$$R_T = \frac{R}{N} \tag{5-6}$$

미지의 시스템을 위해서는 직렬 직류 회로에 적용된 기법을 병렬 교류 회로에 대해서도 그대로 적용할 수 있다. 그림 5-2에서 총 저항은 식 (5-7)로부터 구할 수 있다.

$$R_T = \frac{E}{I} \tag{5-7}$$

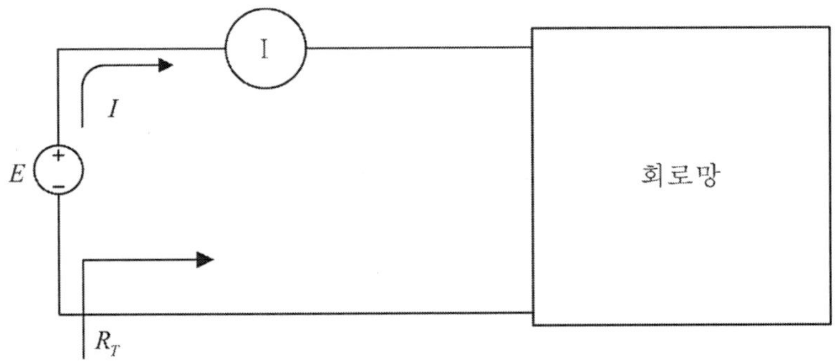

【그림 5-2】

병렬 저항 회로에서, 총 저항은 최소의 병렬 저항값보다 항상 작다.
특히 병렬 회로의 가지 저항값들 중 하나의 저항만이 다른 값에 비해 특히 작다면, 총 저항은 그 가장 작은 저항값과 크기가 매우 유사하다.

3. 실험 예비 문제

실험명	저항의 병렬연결 해석								
학과		학년		학번		조		성명	
작성 일자			실 험 예정일			담당 교수		담당 조교	

(1) 그림 5-3과 같이 주어진 회로망에 대해서, 총 저항 또는 등가저항 (R_T)를 구하라.

R_1=100Ω, R_2=300Ω, R_3=500Ω

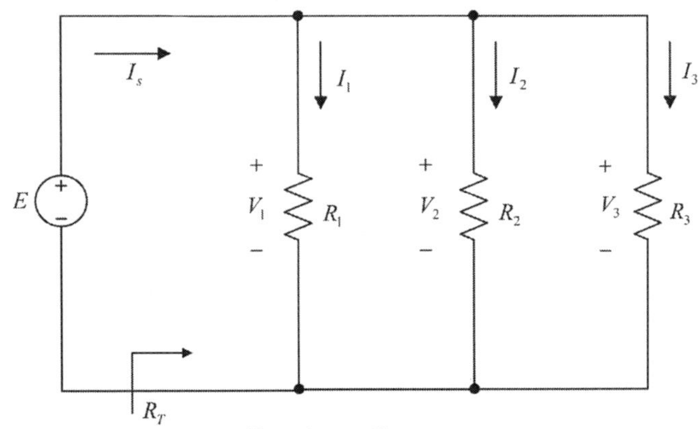

【그림 5-3】

R_T = ____________________

(2) 그림 5-4와 같이 주어진 회로망에 대해서, 어떤 저항들이 직렬 연결되어 있으며, 어떤 저항들이 병렬 연결되어 있는지를 구분하라.

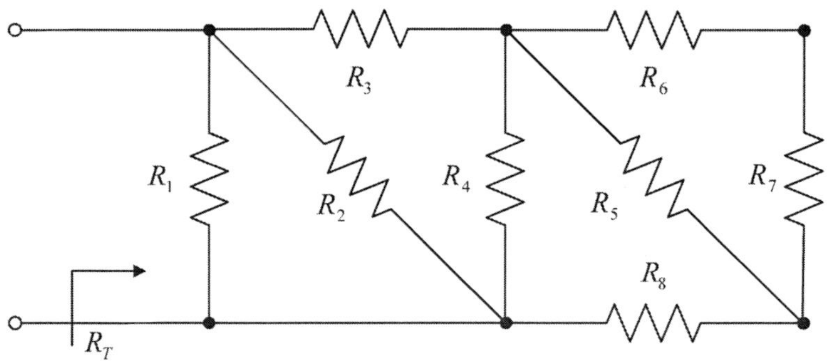

【그림 5-4】

직렬 저항기 = ____________________

병렬 저항기 = ____________________

(3) 그림 5-5와 같이 주어진 회로망에서 전류계를 사용하여 측정한 가지 전류들이 그림 에 표시한 형태로 얻어졌을 때, 주어진 회로망의 총 저항 또는 등가저항 (R_T)를 구하라. 단, 모든 전류계의 내부저항은 0Ω으로 가정한다. 이 때 R_2값은 얼마가 되는가? R_T를 구하기 전에 먼저 R_2를 꼭 구해야 하는가? 그 이유를 설명하라.

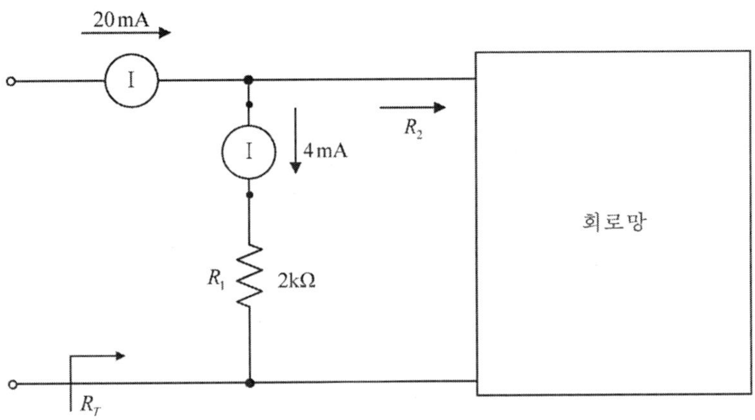

【그림 5-5】

R_T = ______________________

R_2 = ______________________

4. 실 험

실험명	저항의 병렬연결 해석								
학과		학년		학번		조		성명	
실험 일자			작성 일자			담당 교수		담당 조교	

(1) 사용기기 및 부품

측정계기 : 디지털 멀티미터(DMM) 1대
직류 전원 공급기 1대

저 항 기 : 10Ω, 100Ω, 1kΩ, 1.2kΩ, 3kΩ, 5kΩ, 1MΩ, 1/4W (탄소) 저항기 각 1개
2kΩ, 1/4W (탄소) 저항기 3개

(2) 실험과정

가. 두 개의 병렬 저항

(a) 그림 5-6에서와 같이 두 개의 저항 1kΩ과 3kΩ을 병렬로 연결하라.

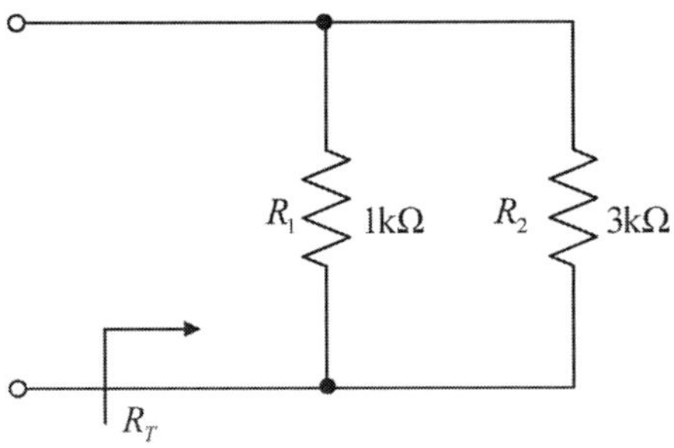

R_1(측정치) = ____________

R_2(측정치) = ____________

【그림 5-6】

그림 5-6의 오른편의 빈칸에 두 저항값을 각각 저항계로 측정하여 기록하라.

(b) 측정 저항값들을 식 (5-4) 에 대입하여 총 저항을 계산하고 그 결과를 기록하라.

R_T = ____________________

(c) DMM의 저항계 기능을 사용하여 총 저항을 측정하고 그 결과를 기록하라.

R_T = ____________________

(d) (c)에서의 측정치와 (b)에서의 계산치를 비교하기 위하여 식 (5-8)의 오차식을 사용하여 계산한 후 그 결과를 기록하라.

$$\text{오차}\,(\%) = \left|\frac{\text{계산치} - \text{측정치}}{\text{계산치}}\right| \times 100\% \tag{5-8}$$

오차 (%) = ____________________

(e) 측정 저항값과 식 (5-5)를 이용하여 총 저항을 계산하라. 또한 그 결과를 (b)의 결과와 비교 설명하라.

R_T = ____________________

(f) DMM을 사용하여 직류전원공급기의 전압을 10V로 맞추라. 다음은 전원공급기 전원을 끈 후, 그림 5-7의 회로를 구성하라.

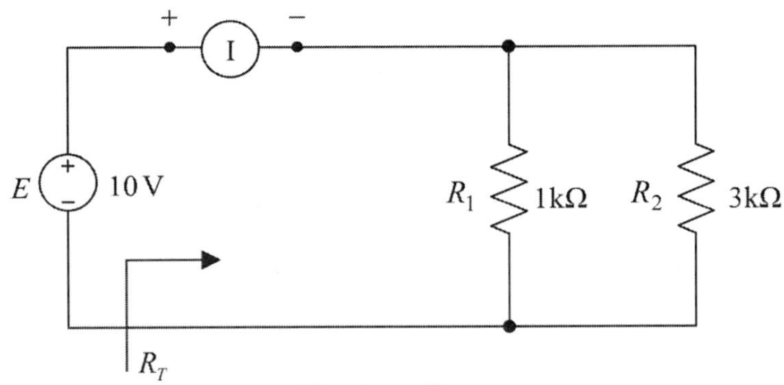

【그림 5-7】

회로 구성이 바르게 되었는지를 주의 깊게 확인한 후 전원공급기 전원을 켠 다음, DMM의 전류계 기능을 사용하여 회로를 흐르는 전류 I를 측정한 값을 기록하라.

I = ______________________

(g) 전원공급기의 전압값과 (f)의 전류 측정값을 식 (5-7)에 대입하여 총 저항을 계산하라. 단, 전류계의 내부저항은 0Ω으로 가정한다.

R_T = ______________________

또한 이 결과를 (c)의 결과와 비교 설명하라.

(h) 앞의 관련이론 부분에서, 병렬 저항 회로에서의 총 저항은 최소의 병렬 저항값보다 항상 작다는 사실을 공부하였다. 지금까지의 실험 결과를 분석하여 이러한 결론이 성립하는지를 입증하라.

나. 세 개의 병렬 저항

(a) 그림 5-8에서와 같이 세 개의 저항을 병렬로 연결하라.

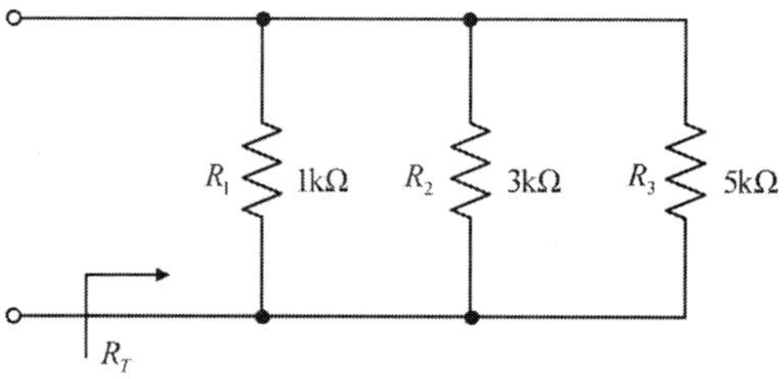

R_1(측정치) = ______

R_2(측정치) = ______

R_3(측정치) = ______

【그림 5-8】

그림 5-8의 오른편의 빈칸에 세 저항값을 각각 저항계로 측정하여 기록하라.

(b) 측정 저항값들을 사용하여 총 저항을 계산하라.

R_T = ______________________

(c) DMM의 저항계 기능을 사용하여 총 저항을 측정하고 그 결과를 기록하라.

R_T = ______________________

(c)의 측정치와 (b)의 계산치를 비교하기 위하여 식 (5-8)의 오차식을 사용하여 계산한 후 그 결과를 기록하라.

오차 (%) = ________________

(d) DMM을 사용하여 직류전원공급기의 전압을 10V로 맞추라. 앞의 가(f)에서와 동일한 과정을 거쳐 그림 5-8의 회로를 흐르는 전원 전류를 구하여 그 값을 기록하라.

I = ________________

(e) (d)에서 얻어진 전류값과 인가전압 E=10V를 식 (5-7)에 대입하여 총 저항을 계산하라.

R_T = ________________

이 결과를 (c)에서 구한 결과와 비교하라.

(f) 그림 5-8의 병렬 저항 회로에서, 실험을 통하여 총 저항을 최소의 병렬 저항값과 비교할 때 어떠한 결론을 얻을 수 있는가? '두 개의 병렬저항' 실험을 위한 회로 그림 5-6에 5kΩ을 첨가한 이번 실험 결과는 총 저항의 감소를 가져

왔는지를 관찰하여 설명하라. 결론적으로 병렬 소자를 덧붙여 연결할 때마다 병렬 회로의 총 저항은 항상 감소하게 되는지도 답하라.

다. 동일 병렬 저항

(a) 그림 5-9에서와 같이 동일한 값을 가지는 네 개의 저항을 병렬로 연결하라.

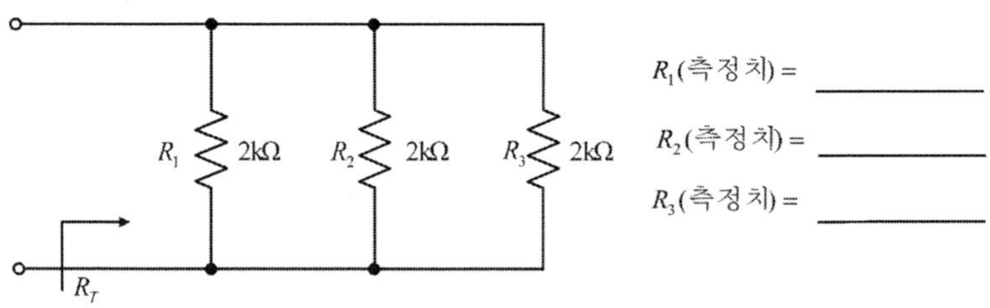

【그림 5-9】

그림 5-9의 오른편의 빈칸에 세 개의 저항값을 각각 저항계로 측정하여 기록하라.

(b) 그림 5-9와 같이 이론치가 2kΩ인 저항 세 개가 병렬 연결된 경우, 식 (5-6)에 이론적 저항값을 대입하여 총 저항값을 계산하고 그 결과를 기록하라.

R_T = ______________________________

(c) DMM의 저항계 기능을 사용하여 총 저항을 측정하고 그 결과를 기록하라.

R_T = ______________________________

측정치와 계산치를 비교하기 위하여 식 (5-8)의 오차식을 사용하여 계산한 후 그 결과를 기록하라.

오차 (%) = ______________________________

사용하는 저항의 이론치를 활용할 수 있을 만큼, 이론치와 측정치 오차가 충분히 작은지에 대해서 기술하라.

(d) 각 저항기의 측정치를 사용하여 총 저항을 계산한 후 그 결과를 기록하라.

R_T = ______________________________

이 결과를 앞의 (c)에서 구한 측정치 결과와 비교하라.

라. 개방 회로

(a) 그림 5-10과 같은 회로를 구성하라. 이때 마지막 두 병렬 저항의 아래 단자 사이가 연결되어 있지 않음에 주의한다.

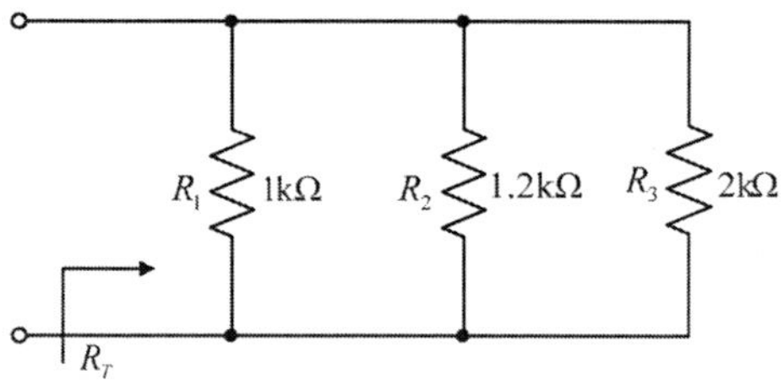

R_1(측정치) = ___________

R_2(측정치) = ___________

R_3(측정치) = ___________

【그림 5-10】

그림 5-10의 오른편의 빈칸에 세 개의 저항값을 각각 저항계로 측정하여 기록하라.

(b) 측정 저항값들을 사용하여 총 저항을 계산하고 그 결과를 기록하라.

R_T = ______________________________

(c) DMM의 저항계 기능을 사용하여 총 저항을 측정하고 그 결과를 기록하라.

R_T = ______________________________

(d) 라(c)에서 측정된 R_T 결과값과 라(b)의 계산값을 비교하기 위하여 식 (5-8)의 오차식을 사용하여 계산한 후 그 결과를 기록하라.

오차 (%) = ______________________________

(e) 만일 얻어진 오차가 매우 작다면 라(b)의 이론적 계산 결과가 옳다고 가정할 수 있는가? 또한 2kΩ이 영향을 미치는지를 그 이유와 함께 기술하라.

마. 단락 회로

(a) 그림 5-11와 같은 회로를 구성하라. 이때 R_2양단이 도선으로 직접 연결되어 있음에 주의한다.

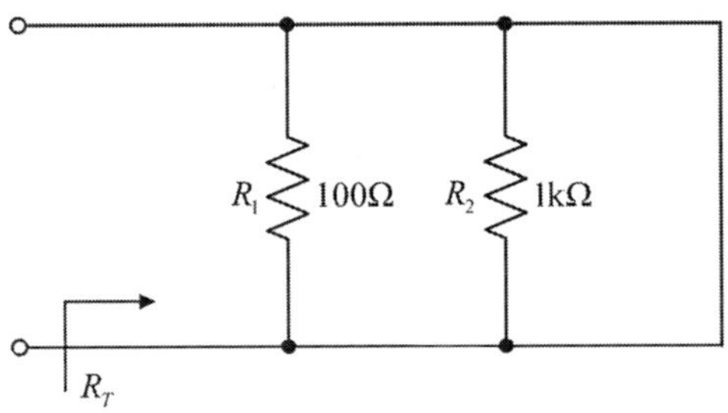

R_1(측정치) = __________

R_2(측정치) = __________

【그림 5-11】

그림 5-11의 오른편의 빈칸에 두 개의 저항값을 각각 저항계로 측정하여 기록하라.

(b) 측정 저항값들을 사용하여 총 저항을 계산하고 그 결과를 기록하라.

R_T = ______________________________

(c) DMM의 저항계 기능을 사용하여 총 저항을 측정하고 그 결과를 기록하라.

R_T = ______________________________

(d) 마(c)에서 측정된 R_T 결과값과 마(b)의 계산 결과값들을 바탕으로, 그림 5-12의 R_2 양단을 도선으로 직접 연결한 것이 회로에 어떠한 영향을 주는지를 기술하라.

실험 6

저항의 병렬연결 직류 회로 실험

1. 목 적

(1) 병렬 직류 회로 내의 전압과 전류를 정확히 측정하는 법을 익힌다.

(2) 키르히호프의 전류법칙을 이해하고 실험적으로 입증한다.

(3) 전류 분배 법칙을 응용하는 법을 실험적으로 익힌다.

(4) 병렬 직류 회로의 특성 이해 및 해석을 위하여 컴퓨터 시뮬레이션을 적용하는 법을 익힌다.

(5) 컴퓨터 시뮬레이션에 의해 얻어진 결과와 실험치와의 비교 방법을 익힌다.

2. 관련 이론

병렬 회로 내에서 모든 병렬 소자 양단에 걸리는 전압은 같다. 즉, 그림 6-1에 보이는 것처럼 각 병렬 가지 양단의 전압은 모두 같으며 그 값은 인가전압 E가 된다(식 (6-1) 참조).

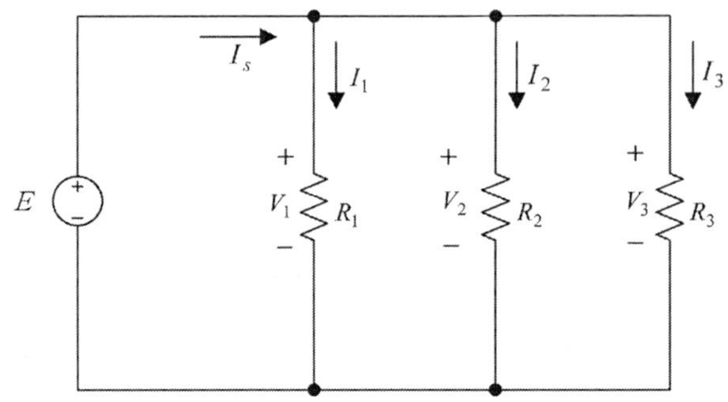

【그림 6-1】

$$V_1 = V_2 = V_3 = E \tag{6-1}$$

한편, **키르히호프의 전류법칙**(KCL : Kirchhoff's Current Law)이란 회로망 내의 임의의 절점(노드)로 유입 또는 노드로부터 유출되는 가지 전류의 합은 각 순간에 있어서 0이 된다는 것이다. 이것을 다르게 표현하면, 임의의 절점으로 유입되는 가지 전류의 합과 유출되는 가지 전류의 합은 같다. 따라서 그림 6-1의 한 절점에서 KCL을 적용하면 다음 식 (6-2)와 같이 얻어진다.

$$I_S = I_1 + I_2 + I_3 \tag{6-2}$$

또한 각 가지를 흐르는 전류는 옴의 법칙에 의해 다음 식 (6-3)과 같이 얻어진다.

$$I_1 = \frac{E}{R_1}, \quad I_2 = \frac{E}{R_2}, \quad I_3 = \frac{E}{R_3} \tag{6-3}$$

키르히호프의 전류법칙(KCL)과 전압법칙(KVL)은 실험을 통해서 얻어진 법칙이다. 식 (6-2)에서 알 수 있듯이, N 개의 저항이 병렬로 연결되어 있는 회로에 있어서 주의를 기울여 실험을 한다면 I_1, I_2, … ,I_N 이 결합되어 전원전류 I_S을 형성하는 가지전류와 전원전류 사이의 다음 식 (6-4)와 같은 일반적인 관계를 찾을 수 있다.

$$I_S = I_1 + I_2 + \dots + I_N \tag{6-4}$$

이 식을 통해 "병렬 회로의 전체 전류는 가지 전류의 합과 같다"는 것을 알 수 있으며, 아울러 전체 전류는 임의의 가지전류 보다 작지 않다는 사실을 보여준다.

두 개의 가지를 가지는 병렬 회로망에서, 하나의 가지를 통해 흐르는 전류는 다른 쪽 가지 저항에서 모든 가지의 저항을 합한 값으로 나눈 후 전체 전류를 곱하여 얻어진다는 것을 **전류분배법칙**이라고 한다. 이에 따라, 그림 6-2의 회로내의 각 소자를 통해 흐르는 전류는 다음 식 (6-5)와 같이 얻어진다.

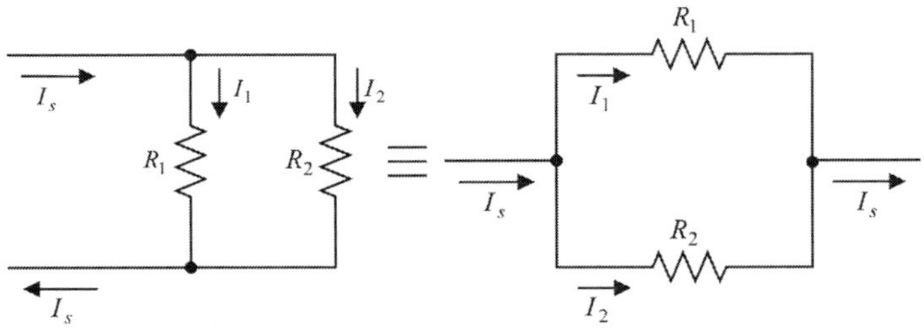

【그림 6-2】

$$I_1 = \frac{R_2 I_S}{R_1 + R_2}, \qquad I_2 = \frac{R_1 I_S}{R_1 + R_2} \tag{6-5}$$

식 (6-5)로부터, 전체 전류 I_S는 병렬 가지의 저항들 R_1과 R_2의 크기에 반비례하여 I_1과 I_2로 나누어짐을 알 수 있다. 즉, R_1이 R_2보다 커지면 I_1이 I_2보다 작아지고, 반대로 R_1이 R_2보다 작아지면 I_1이 I_2보다 커지게 된다.

또한 앞에서도 설명한 것과 같이 식 (6-5)로부터도, 저항기로만 구성된 병렬회로에서의 전체 전류 I_S가 임의의 가지전류 보다 같거나 크다는 특성을 갖는다는 사실을 알 수 있다. 즉, 저항기로만 구성되는 병렬회로의 가지전류는 전체전류 또는 전원전류 보다 작음을 의미한다. 극단적으로, 하나의 저항값이 0 (즉, 도선)이 되면 전체 전류 I_S는 저항값이 0인 쪽으로만 흐르게 되고 다른 저항 쪽은 상대적으로 개방회로와 같이 동작한다. 한편, 하나의 저항값이 무한대(즉, 개방회로)가 되면 전체 전류 I_S는 다른 가지 쪽으로만 흐르게 됨을 식 (6-5)로부터 쉽게 알 수 있다.

아울러, 이번 장에서는 병렬 연결된 직류회로의 특성을 이해하기 위해서 사용된 하드웨어 회로를 다시 구성하여 컴퓨터 해석을 수행한다.

3. 실험 예비 문제

실험명	저항의 병렬연결 직류 회로 실험								
학과		학년		학번		조		성명	
작성 일자		실 험 예정일		담당 교수		담당 조교			

(1) 그림 6-3과 같이 주어진 회로에서, 다음에 답하라.

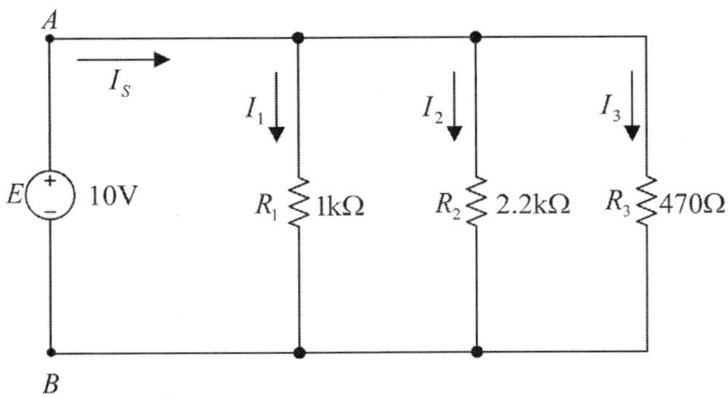

【그림 6-3】

(a) 단자 A, B 양단의 총 저항은 얼마인가?

(b) A, B 양단에 $E = 10\text{V}$ 의 전압을 인가했을 때 흐르는 전류는 얼마인가?

(c) 이 때 각 저항 R_1, R_2, R_3을 통해 흐르는 전류 I_1, I_2, I_3는 얼마인가?

(2) 그림 6-4와 같이 주어진 회로망에서 전류계를 사용하여 측정한 가지 전류들이 그림에 표시한 형태로 얻어졌을 때, R_2 값은 얼마가 되는가? 단, 모든 전류계의 내부 저항은 0Ω 으로 가정한다.

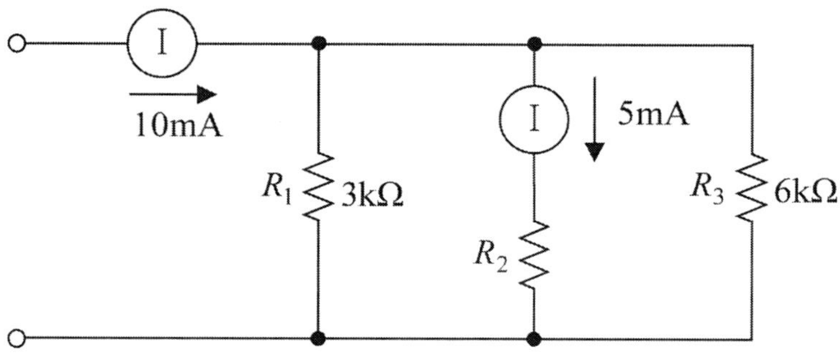

【그림 6-4】

R_2 = ______________________

(3) 그림 6-5와 같이 주어진 회로망에서 전류계를 사용하여 측정한 가지 전류들이 그림에 표시한 형태로 얻어졌을 때, R_1과 R_2 값은 얼마가 되는가? 단, 모든 전류계의 내부저항은 0Ω으로 가정한다.

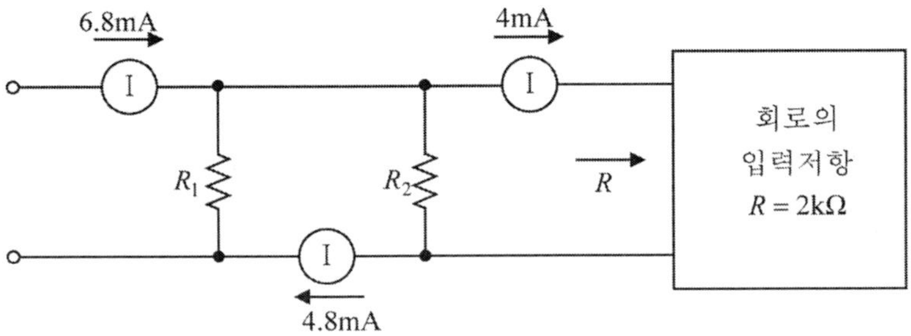

【그림 6-5】

R_1 = ____________________, R_2 = ____________________

4. 실 험

실험명	저항의 병렬연결 직류 회로 실험								
학과		학년		학번		조		성명	
실험 일자			작성 일자			담당 교수		담당 조교	

(1) 사용기기 및 부품

측정계기 : 디지털 멀티미터(DMM) 1대
직류 전원 공급기 1대

저 항 기 : 100Ω, 1kΩ, 1.2kΩ, 2kΩ, 5kΩ, 10kΩ, 1MΩ, 1/4W (탄소) 저항기 각 1개
3kΩ, 1/4W (탄소) 저항기 3개

컴퓨터시스템 및 소프트웨어 : PSpice (Windows)나 C++, QBASIC, PASCAL, FORTRAN 등 필요한 프로그램 언어를 사용할 수 있도록 준비된 컴퓨터 시스템

(2) 실험과정

가. 키르히호프 전류법칙 및 총 저항 측정

(a) 그림 6-6과 같이 회로를 구성하라.

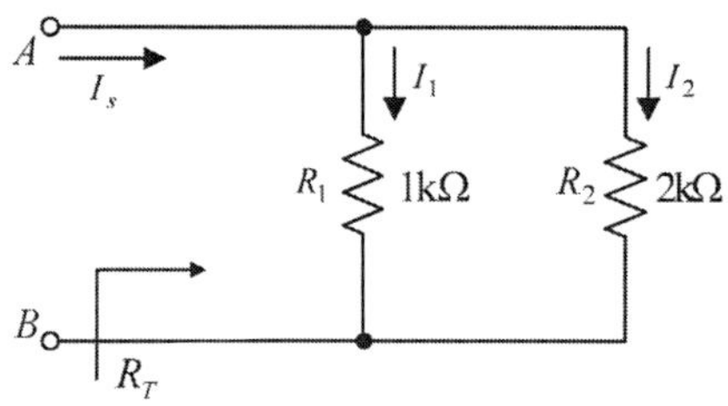

R_1(측정치) = ____________

R_2(측정치) = ____________

【그림 6-6】

그림 6-6의 오른편의 빈칸에 각 저항값을 저항계로 측정하여 기록하라.

(b) 측정 저항값들을 사용하여, 주어진 회로망의 총 저항을 계산하고 그 결과를 기록하라.

R_T (계산치) = ____________________

(c) DMM의 저항계 기능을 사용하여 총 저항 R_T 을 측정하고 그 결과를 기록하라.

R_T (측정치) = ____________________

(d) (c)에서의 측정치와 (b)에서의 계산치를 비교하기 위하여 식 (6-6)의 오차식을 사용하여 계산한 후 그 결과를 기록하라.

$$\text{오차}\,(\%) = \left|\frac{\text{계산치} - \text{측정치}}{\text{계산치}}\right| \times 100\% \tag{6-6}$$

오차 (%) = ______________________

(e) 총 저항과 두 병렬 저항 중 더 작은 것과 비교한 결과는 어떠한가? 이러한 결론은 항상 성립하는가?

(f) 그림 6-6의 단자 A, B 양단에 10V를 인가한 후, DMM을 사용하여 V_{R_1}과 V_{R_2}를 측정하고 그 결과를 기록하라.

V_{R_1} = ______________ V_{R_2}= ______________

V_{R_1}과 V_{R_2}값을 인가전압 E와 비교한 결과를 기술하라.

병렬회로 내에서 모든 병렬 소자 양단에 걸리는 전압에 대하여 일반적으로 얻어질 수 있는 결론을 기술하라.

(g) 측정 저항값들과 옴의 법칙을 이용하여 R_1과 R_2을 통해 흐르는 전류를 계산하라. 아울러 키르히호프의 전류법칙(KCL)을 사용하여 전원 전류를 계산하라.

I_1 = ______________ I_2 = ______________

I_S = ______________

(h) 그림 6-7과 같이 회로를 구성한 후, DMM의 전류계 기능을 사용하여 전류 I_1, I_2, I_S 을 측정하라.

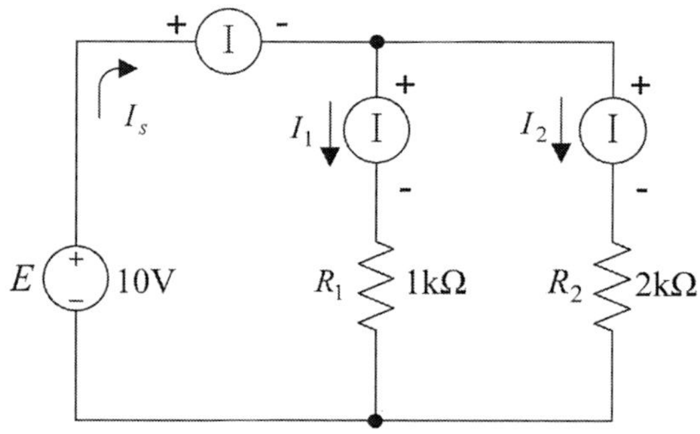

【그림 6-7】

I_1 = ______________ I_2 = ______________

I_S = ______________

이렇게 측정된 값들을 (g)에서 얻어진 계산값들과 비교하라. 측정치와 계산치를 비교하기 위하여 식 (6-6)을 오차식을 사용하여 계산하고, 이들이 이론적 계산치를 만족하는지를 설명하라.

(i) 옴의 법칙과 I_S의 측정치를 사용하여 주어진 회로망의 총 저항을 식 (6-7)과 같이 계산하라.

$$R_T = \frac{E}{I_S} \tag{6-7}$$

R_T = ____________________

이 값을 (c)에서 얻어진 측정값과 비교하라.

나. 동일 병렬 저항

(a) 그림 6-8과 같이 회로를 구성하라.

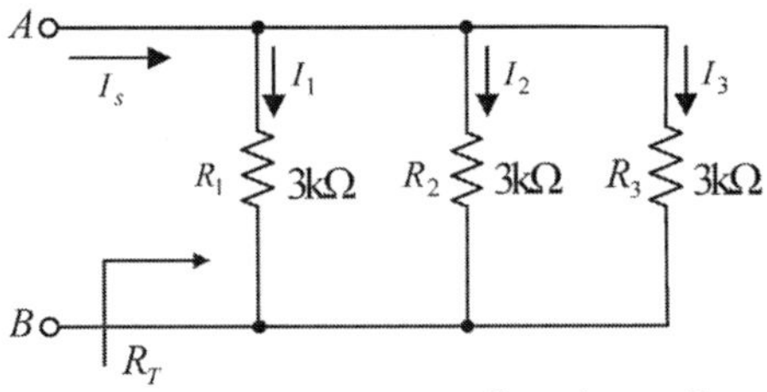

R_1(측정치) = __________

R_2(측정치) = __________

R_3(측정치) = __________

【그림 6-8】

그림 6-8의 오른편의 빈칸에 각 저항값을 저항계로 측정하여 기록하라.

(b) 그림 6-8과 같이 이론치가 3kΩ인 저항 세 개가 병렬 연결된 경우, 식 (6-8)에 이론적 저항값을 대입하여 총 저항값을 계산하고 그 결과를 기록하라.

$$R_T = \frac{R}{N} \tag{6-8}$$

R_T = ______________________________

(c) DMM의 저항계 기능을 사용하여 단자 A, B 사이의 총 저항을 측정하고 그 결과를 기록하라.

R_T (측정치)= ______________________________

이 측정치와 앞의 (b)에서의 계산치를 비교하기 위하여 식 (6-6)의 오차 식을 사용하여 계산한 후 그 결과를 기록하라.

오차 (%) = ______________________________

(d) 각 저항기의 측정치를 사용하여 총 저항을 계산한 후 그 결과를 기록하라.

R_T = ______________________________

(e) (d)에서 얻어진 계산치 결과를 앞의 (b)에서 구한 계산치 결과와 다음 식 (6-9)을 이용하여 비교하라.

$$오차(\%) = \left|\frac{R_T(d) - R_T(b)}{R_T(d)}\right| \times 100\% \tag{6-9}$$

오차 (%) = ______________________

(f) (b)에서 이론치와 근사화 시킬 수 있다는 가정을 수용할 수 있을 만큼 (e)의 오차 값이 충분히 작은가?

(g) 그림 6-8의 회로에서 단자 A, B 양단에 12V를 인가하고, R_1과 R_2 양단의 전압이 12V가 되는지를 입증하라. 또한 DMM의 전류계 기능을 사용하여 전류 I_1과 I_2, I_3을 측정하여 기록하라.

I_1 = ______________ I_2 = ______________

I_3 = ______________

(h) 위의 (g)의 측정 결과들로부터, 동일 병렬 소자를 통해 흐르는 전류의 분배에 관한 일반적인 결론을 내릴 수 있겠는가?

(i) (g)의 결과를 사용하여 전체 전류 I_S 를 계산하고 그 결과를 기록하라.

I_S = ______________________

(j) 단자 A, B 양단에 12V를 인가하고 전체 전류 I_S 를 측정하여, (i)의 계산 결과와 비교하라. 단, 전류계의 내부저항은 0Ω으로 가정한다.

I_S = ______________________

다. 전류 분배 법칙

(a) 그림 6-9와 같이 회로를 구성하라.

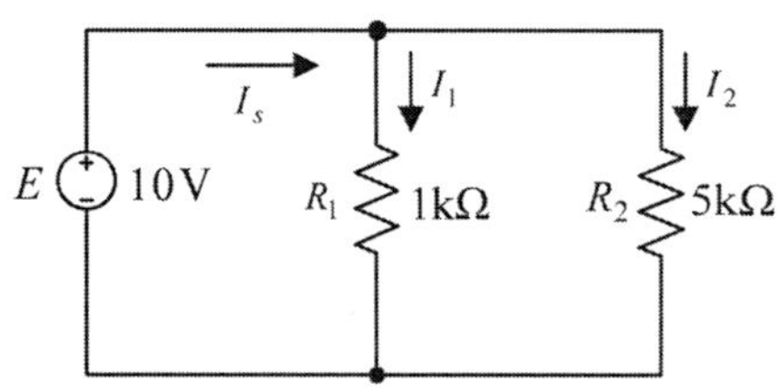

R_1(측정치) = ______________

R_2(측정치) = ______________

【그림 6-9】

그림 6-9의 오른편의 빈칸에 각 저항값을 저항계로 측정하여 기록하라.

(b) 그림 6-9의 저항값의 이론치들을 염두에 두고, 전류 I_1과 I_2는 어떠한 관계가 있을 것으로 예측하는가를 기술하라. 즉, 병렬 저항값들과 이들을 흐르는 전류의 크기 사이에는 어떤 상관관계가 있겠는가?

(c) I_1과 I_2를 측정하여 그 값들을 기록하고, (b)의 가정과 잘 일치하는지를 기술하라.

I_1 = ______________________

I_2 = ______________________

(d) (a)에서의 저항의 측정치들을 이용하여 전체 전류 I_S를 계산하고 그 결과를 기록하라.

I_S = ____________________________

(e) (c)에서의 전류의 측정치들을 이용하여 전체 전류 I_S를 계산하고 그 결과를 기록하라.

I_S = ____________________________

(f) (e)에서 얻어진 계산치 결과를 앞의 (d)에서 구한 계산치 결과와 다음 식 (6-10)를 이용하여 비교하라.

$$\text{오차}\,(\%) = \left|\frac{I_S(e) - I_S(c)}{I_S(e)}\right| \times 100\% \tag{6-10}$$

오차 (%) = ______________________

(g) 그림 6-10과 같이 회로를 구성하라.

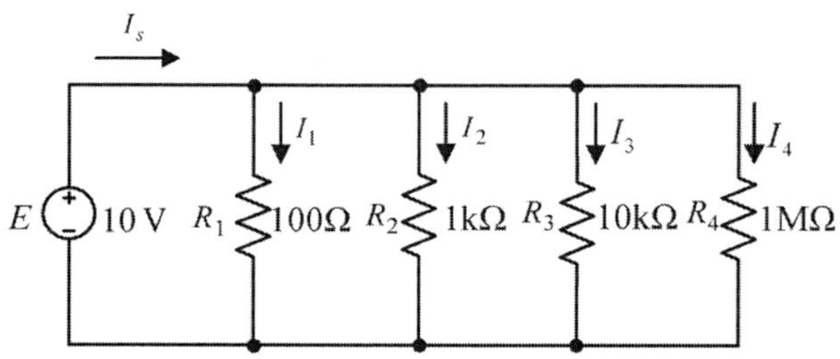

R_1(측정치) = __________

R_2(측정치) = __________

R_3(측정치) = __________

R_4(측정치) = __________

【그림 6-10】

그림 6-10의 오른편의 빈칸에 각 저항값을 저항계로 측정하여 기록하라.

(h) 계산을 하지 말고 그림 6-10의 저항값의 이론치 들로부터, 전류 I_S는 I_1, I_2, I_3, I_4 와 어떠한 관계가 있을 것으로 예측하는가를 기술하라.

(i) R_1과 R_2 를 통해 흐르는 전류 I_1과 I_2사이에는 어떠한 비율이 될 것으로 예측되는지를 R_1값과 R_2값의 크기에 주목하면서 기술하라.

(j) 전체 전류 I_S와 I_1사이에는 어떠한 관계가 있을 것으로 예측되는지를 기술하라.

(k) 전류 I_S , I_1, I_2, I_3, I_4 를 측정하여 그 결과를 기록하라.

I_S = ________________ I_1 = ________________

I_2 = ________________ I_3 = ________________

I_4 = ________________

(l) (k)의 측정 결과가 (h)에서의 가정을 잘 입증해 주는지를 기술하라.

(m) (k)의 측정 결과가 (i)에서의 가정을 잘 입증해 주는지를 기술하라.

(n) (k)의 측정 결과가 (j)에서의 가정을 잘 입증해 주는지를 기술하라.

(o) 계산을 하지 말고, 그림 6-10의 회로의 총 저항 R_T 의 예측치가 어떻게 될 것인가를 그 이유와 함께 기록하라.

R_T = ______________________________

(p) 인가전압 E와 측정 전류 I_S를 사용하여, 그림 6-10의 회로의 총 저항 R_T를 계산하고, (o)에서의 예측치 결과와 다음 식 (6-11)을 이용하여 비교하라.

$$\text{오차}\,(\%) = \left|\frac{\text{계산치} - \text{예측치}}{\text{계산치}}\right| \times 100\% \qquad (6\text{-}10)$$

R_T = ______________________________

오차 (%) = ______________________________

라. 컴퓨터 시뮬레이션

(a) 전류분배법칙 및 키르히호프의 전류법칙에 대한 실험으로서 그림 6-10의 회로에서 측정된 저항값들에 대하여, PSpice 또는 그 외의 적절한 프로그램 언어를 사용한 시뮬레이션을 수행하여 각 지로(가지)를 흐르는 전류 I_S, I_1, I_2, I_3, I_4를 구하라.

【표 6-1】

전류	측정값 [mA]	시뮬레이션 결과 [mA]	오차(%)
I_S			
I_1			
I_2			
I_3			
I_4			

(b) 위의 다(g)~(p)까지의 실험결과와 라(a)의 시뮬레이션 결과가 일치하는지를 확인하고, 차이가 있다면 그 이유를 설명하라.

실험 7

저항의 직 · 병렬연결 직류 회로 실험

1. 목 적

(1) 직병렬 직류 회로를 위한 이론적 해석 방법을 측정을 통해 검증한다.

(2) 직병렬 직류 회로 내에 존재하는 직렬 소자들과 병렬 소자들을 구분하는 능력을 향상시킨다.

(3) 직병렬 회로 내의 전압 및 전류를 정확히 측정하는 방법을 숙지시킨다.

(4) 직병렬 회로 해석을 위해 키르히호프의 전류법칙 및 전압법칙, 전류 분배 법칙, 전압 분배 법칙을 응용하는 법을 익힌다.

(5) 직병렬 직류회로 해석을 위하여 컴퓨터 시뮬레이션을 적용하는 법을 익힌다.

(6) 컴퓨터 시뮬레이션에 의해 얻어진 결과와 실험치와의 비교 방법을 익힌다.

2. 관련 이론

직병렬 회로(Series-Parallel Circuit)는 직렬 회로들과 병렬 회로들이 혼합되어 형성된 회로를 지칭한다. 이러한 직병렬 회로 해석을 위해서는 직렬 회로와 병렬 회로 모두에 대하여 기본 지식을 갖추고 있어야 한다. 이러한 회로 해석을 위해서는 먼저 주어진 직병렬 회로를 직렬 구성과 병렬 구성으로 분류할 수 있어야 한다. 또한 미지수를 구하기 위해 필요하다면 회로 구성을 간략화 할 수 있어야 한다.

보편적으로 실제 수치적 계산에 들어가기 전에, 완전한 해를 구하기까지의 단계를 마음속으로 그려봄으로써 시간과 노력을 줄일 수 있다. 복잡한 회로 해석을 위해서는 항상 직렬 구성과 병렬 구성으로 회로를 분류하되, 구하려고 하는 미지 전압 또는 전류를 포함하는 소자들은 간략화 시키는 과정에서도 없애지 않고 남겨두어야만 한다. 일단 분류된 직렬 구성과 병렬 구성에 대해서 필요한 회로 해석 법칙들을 적용하여 회로 해석을 수행한다.

예를 들어 그림 7-1(a) 와 같은 직병렬 회로에서는 직렬 및 병렬 회로에서 성립하는 관계식을 조합하면 원하는 결과를 도출할 수 있다. 먼저 R_2와 R_3 는 병렬 회로를 구성하고 있으므로, 이들의 등가저항 $R_2||R_3$ 는 다음 식 (7-1)로 주어진다.

$$R_2||R_3 = \frac{R_2R_3}{R_2+R_3} \text{ (즉, } \frac{1}{R_2||R_3} \quad \frac{1}{R_2}+\frac{1}{R_3}\text{)} \tag{7-1}$$

또한 R_1과 $R_2||R_3$ 는 직렬 회로를 구성하고 있으므로 그림 7-1(b) 의 전체 회로 등가저항 R_T 는 다음 식 (7-2)를 만족한다.

$$R_T = R_1 + R_2||R_3 = R_1 + \frac{R_2R_3}{R_2+R_3} \tag{7-2}$$

또한 이번 장에서는 직병렬 연결된 회로의 특성을 이해하기 위해서 사용된 하드웨어 회로를 다시 구성하여 컴퓨터 해석을 수행한다.

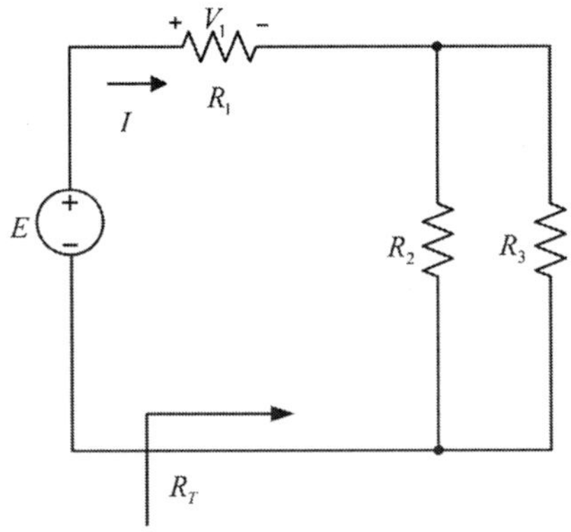

(a) 직렬 회로

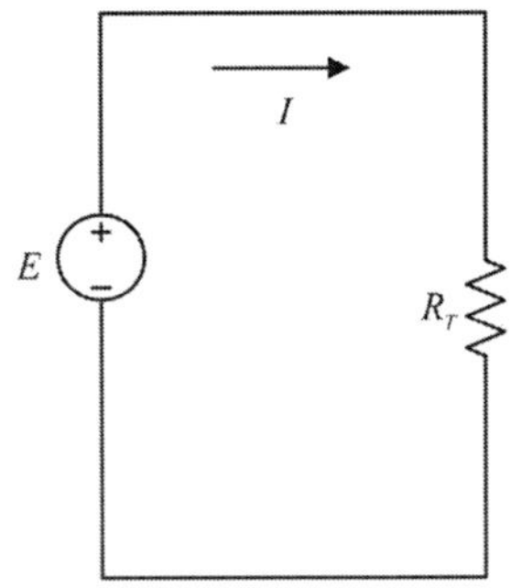

(b) 등가 회로

【그림 7-1】

3. 실험 예비 문제

실험명	저항의 직·병렬연결 직류 회로 실험								
학과		학년		학번		조		성명	
작성 일자		실 험 예정일			담당 교수		담당 조교		

(1) 그림 7-2와 같은 직병렬 회로에서 등가저항 R_T를 구하라.

R_1=1kΩ, R_2=100Ω, R_3=3.3kΩ, R_4=330Ω, R_5=4.7kΩ, R_6=470Ω

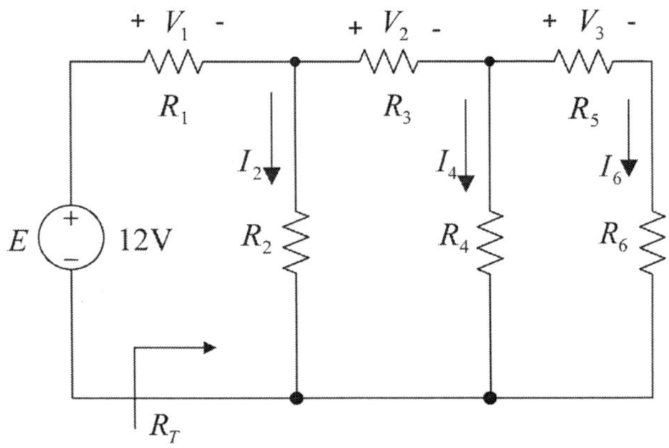

【그림 7-2】

R_T = ____________________

(2) 그림 7-3과 같이 주어진 직병렬 회로망에서 전류계를 사용하여 측정한 가지 전류들이 그림에 표시한 형태로 얻어졌을 때, V_1, R_1, R_2값은 각각 얼마가 되는가? 단, 모든 전류계의 내부저항은 0Ω으로 가정한다.

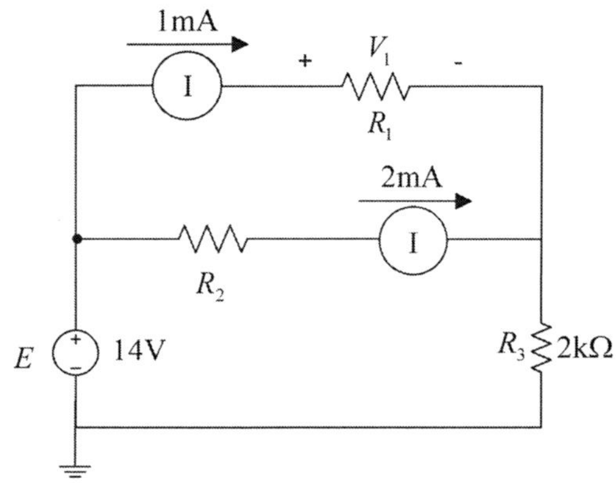

【그림 7-3】

V_1 = __________, R_1 = __________, R_2 = __________

(3) 그림 7-4와 같이 주어진 직병렬 회로망에서 전압계 및 전류계를 사용하여 측정한 전압과 가지 전류들이 그림에 표시한 형태로 얻어졌을 때, V_1, R_2, R_3값은 각각 얼마가 되는가? 단, 모든 전류계의 내부저항은 0Ω으로 가정한다.

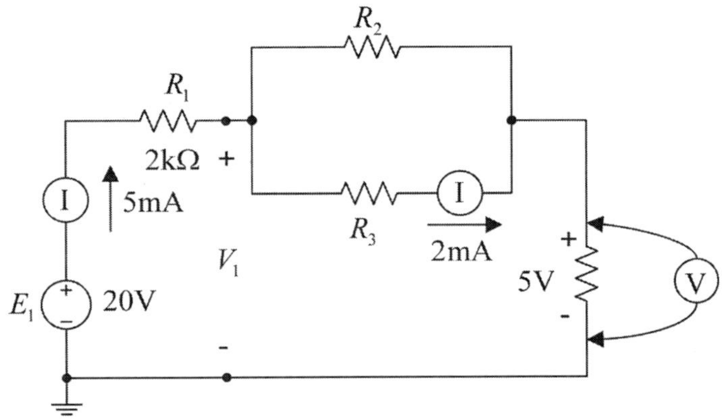

【그림 7-4】

V_1= ____________, R_2= ____________, R_3 = ______________

4. 실 험

<table>
<tr><td>실험명</td><td colspan="8">저항의 직 • 병렬연결 직류 회로 실험</td></tr>
<tr><td>학과</td><td></td><td>학년</td><td></td><td>학번</td><td></td><td>조</td><td></td><td>성명</td><td></td></tr>
<tr><td>실험
일자</td><td colspan="2"></td><td>작성
일자</td><td colspan="2"></td><td>담당
교수</td><td></td><td>담당
조교</td><td></td></tr>
</table>

(1) 사용기기 및 부품

측정계기 : 디지털 멀티미터(DMM) 1대
직류 전원 공급기 1대

저 항 기 : 1kΩ, 2kΩ, 3kΩ, 5kΩ, 1/4W
(탄소) 저항기 각 1개

컴퓨터시스템 및 소프트웨어 : PSpice (Windows)나 C++, QBASIC, PASCAL, FORTRAN 등 필요한 프로그램 언어를 사용할 수 있도록 준비된 컴퓨터 시스템

(2) 실험과정

가. 직병렬 회로 1

(a) 그림 7-5와 같이 직병렬 회로를 구성하라.

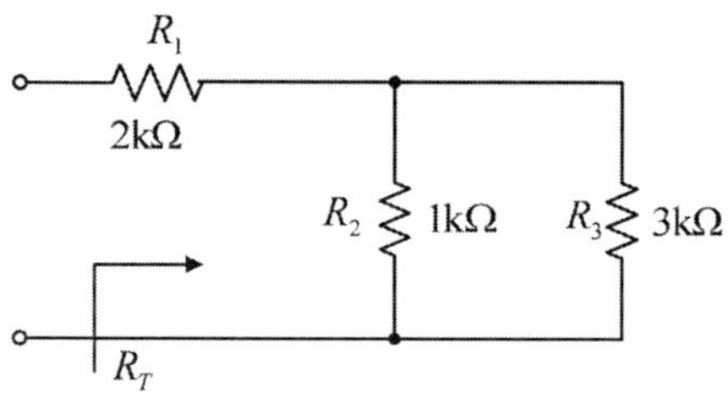

R_1(측정치) = ________

R_2(측정치) = ________

R_3(측정치) = ________

【그림 7-5】

그림 7-5의 오른편의 빈칸에 각 저항값을 저항계로 측정하여 기록하라.

(b) 측정 저항값들을 사용하여, 주어진 회로망의 총 저항값을 계산하고 그 결과를 기록하라.

R_T (계산치) = ________________

(c) DMM의 저항계 기능을 사용하여 총 저항 R_T을 측정하고 그 결과를 기록하라.

R_T (측정치) = ________________

(d) (c)에서의 측정치와 (b)에서의 계산치를 비교하기 위하여 식 (7-3)의 오차식을 사용하여 계산한 후 그 결과를 기록하라.

$$\text{오차}(\%) = \left|\frac{\text{계산치} - \text{측정치}}{\text{계산치}}\right| \times 100\% \qquad (7\text{-}3)$$

오차 (%) = ______________________

(e) 그림 7-6과 같이 10V 전압을 인가한 후, 측정 저항값들을 사용하여 I_S, I_1, I_2, I_3 값을 계산하고 그 결과를 기록하라.

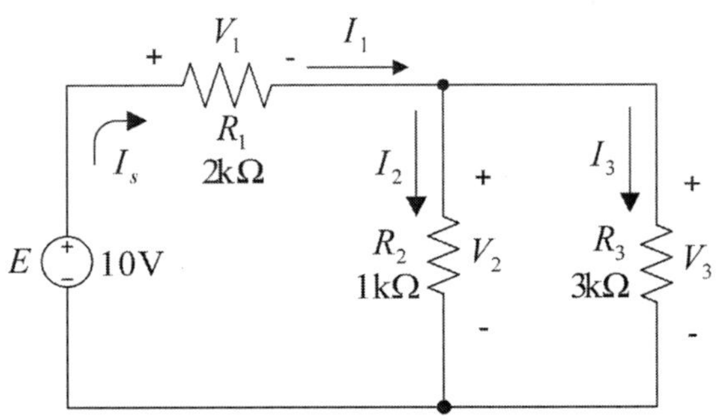

【그림 7-6】

I_S = ______________________, I_1 = ______________________

I_2 = ______________________, I_3 = ______________________

(f) 그림 7-6의 회로에서 10V 전압을 인가한 후, DMM의 전류계 기능을 사용하여 I_S, I_1, I_2, I_3 값을 측정하고 그 결과를 기록하라.

I_S = ____________________, I_1 = ____________________

I_2 = ____________________, I_3 = ____________________

(g) 식 (7-3)을 이용하여 (f)의 측정치들과 (e)의 계산치들 사이의 % 오차를 계산하라.

오차(%) (I_S)= ______________, 오차(%) (I_1)= ______________

오차(%) (I_2)= ______________, 오차(%) (I_3)= ______________

(h) I_1과 I_S사이에는 어떤 관계가 있는지를 설명하라.

(i) 측정 저항값들과 (e)의 결과를 사용하여, V_1, V_2, V_3값을 계산하고 그 결과를 기록하라.

V_1 = ____________________, V_2 = ____________________,

V_3 = ____________________

(j) V_1, V_2, V_3값을 측정하여 그 결과를 기록하라.

V_1 = ____________________, V_2 = ____________________,
V_3 = ____________________

(k) 식 (7-3)을 이용하여 (i)의 계산치들과 (j)의 측정치들 사이의 % 오차를 계산하라.

오차(%) (V_1)= ______________, 오차(%) (V_2)= ______________,
오차(%) (V_3)= ______________

(l) V_1과 V_2 사이에는 어떤 관계가 있는지를 설명하라.

(m) (j)에서의 측정 결과를 이용하여 $E = V_1 + V_2$ 즉, 키르히호프의 전압법칙이 성립하는지를 보여라.

나. 직병렬회로 2

(a) 그림 7-7과 같이 직병렬 회로를 구성하라.

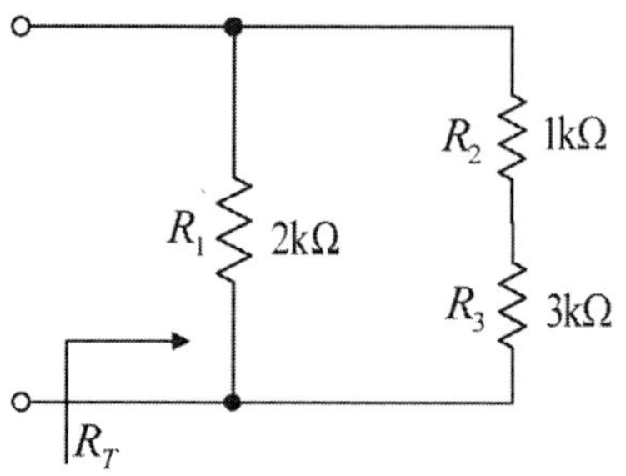

R_1(측정치) = ____________

R_2(측정치) = ____________

R_3(측정치) = ____________

【그림 7-7】

그림 7-7의 오른편의 빈칸에 각 저항값을 저항계로 측정하여 기록하라.

(b) 측정 저항값들을 사용하여, 주어진 회로망의 총 저항을 계산하고 그 결과를 기록하라.

R_T(계산치) = ____________________

(c) DMM의 저항계 기능을 사용하여 총 저항 R_T을 측정하고 그 결과를 기록하라.

R_T(측정치) = ____________________

(d) (c)에서의 측정치와 (b)에서의 계산치를 비교하기 위하여 식 (7-3)의 오차 식을 사용하여 계산한 후 그 결과를 기록하라.

오차 (%) = ______________________________

(e) 그림 7-8과 같이 10V 전압을 인가한 후, 측정 저항값들을 사용하여 I_S, I_1, I_2, I_3값을 계산하고 그 결과를 기록하라.

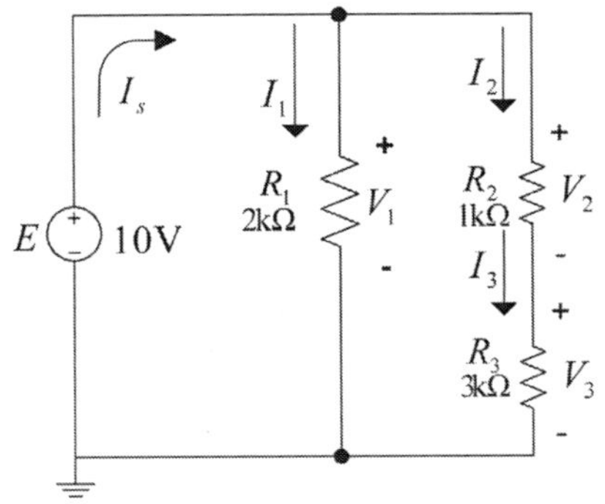

【그림 7-8】

I_S = ____________________, I_1 = ____________________

I_2 = ____________________, I_3 = ____________________

(f) 그림 7-8의 회로에서 10V 전압을 인가한 후, DMM의 전류계 기능을 사용하여 I_S, I_1, I_2, I_3값을 측정하고 그 결과를 기록하라.

I_S = ____________________, I_1 = ____________________

I_2 = ____________________, I_3 = ____________________

(g) 식 (7-3)을 이용하여 (f)의 측정치들과 (e)의 계산치들 사이의 오차를 계산하라.

오차(%) (I_S)= ______________, 오차(%) (I_1)= ______________

오차(%) (I_2)= ______________, 오차(%) (I_3)= ______________

(h) I_2와 I_S 사이에는 어떤 관계가 있는지를 설명하라.

(i) (f)에서의 측정 결과를 이용하여 $I_S = I_1 + I_2$ 즉, 키르히호프의 전류법칙이 성립하는지를 보여라.

(j) 측정 저항값들과 (e)의 결과를 사용하여, V_1, V_2, V_3 값을 계산하고 그 결과를 기록하라.

V_1 = ______________ , V_2 = ______________,
V_3 = ______________

(k) V_1, V_2, V_3 값을 측정하여 그 결과를 기록하라.

V_1 = ______________ , V_2 = ______________,
V_3 = ______________

(l) 식 (7-3)을 이용하여 (j)의 계산치들과 (k)의 측정치들 사이의 % 오차를 계산하라.

오차(%) (V_1)= __________, 오차(%) (V_2)= __________,
오차(%) (V_3)= __________

(m) (k)에서의 측정 결과를 이용하여 $V_2 + V_3$ 값을 구하고, E, V_1, $V_2 + V_3$사이에는 어떤 관계가 있는지를 설명하라.

다. 직병렬 회로 3

(a) 그림 7-9와 같이 직병렬 회로를 구성하라.

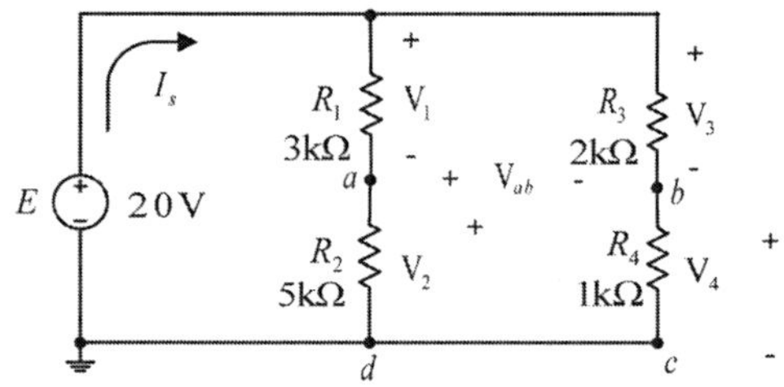

R_1(측정치) = ________

R_2(측정치) = ________

R_3(측정치) = ________

R_4(측정치) = ________

【그림 7-9】

그림 7-9의 오른편의 빈칸에 각 저항값을 저항계로 측정하여 기록하라.

(b) 직렬 저항 R_1 및 R_2 양단에 걸리는 전압 V_1과 V_2의 합과 인가전압 E 사이에는 어떤 관계가 있는지를 설명하라.

(c) 직렬 저항 R_3 및 R_4 양단에 걸리는 전압 V_3과 V_4 의 합과 인가전압 E 사이에는 어떤 관계가 있는지를 설명하라.

(d) 측정 저항값들, 전압분배법칙, 그리고 (b)와 (c)의 결과를 사용하여 전압 V_2와 V_4를 계산하고 그 결과를 기록하라.

V_2 = ____________________, V_4 = ____________________

(e) 전압 V_2와 V_4를 측정하고 그 결과를 기록하라.

V_2 = ____________________, V_4 = ____________________

(f) 식 (7-3)을 이용하여 (d)의 계산치들과 (e)의 측정치들 사이의 오차를 계산하라.

[V_2] 오차(%)= ____________, [V_4] 오차(%)= ________________

(g) (d)의 결과와 키르히호프의 전압법칙을 사용하여 V_{ab}를 계산하고 그 결과를 기록하라.

(h) V_{ab}를 측정하고 그 결과를 기록하라.

V_{ab}= ____________________

(i) 식 (7-3)을 이용하여 (g)의 계산치와 (h)의 측정치 사이의 오차를 계산하라.

오차 (%) = ____________________

(j) $V_3 - V_1$과 V_{ab} 사이에는 어떤 관계가 있는지를 설명하라.

(k) 측정 저항값들을 사용하여 전류 I_S 를 계산하고 그 결과를 기록하라.

I_S = ____________________

(l) I_S 를 측정하고 그 결과를 기록하라.

I_S = ____________________

(m) 식 (7-3)을 이용하여 (k)의 계산치와 (l)의 측정치 사이의 % 오차를 계산하라.

오차 (%) = ____________________

라. 직병렬 회로 4

(a) 그림 7-10과 같이 직병렬 회로를 구성하라.

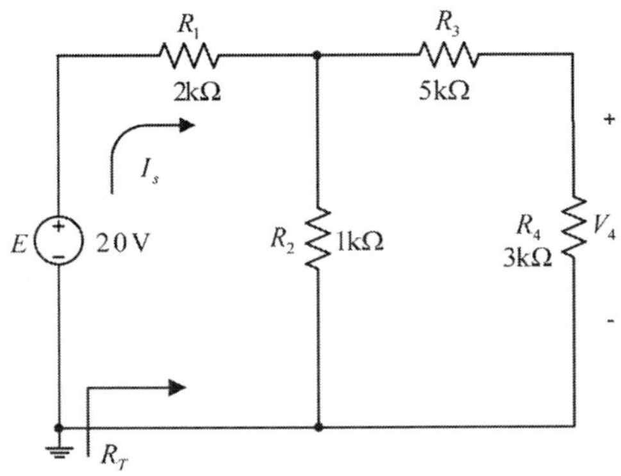

R_1(측정치) = ____________

R_2(측정치) = ____________

R_3(측정치) = ____________

R_4(측정치) = ____________

【그림 7-10】

그림 7-10의 오른편의 빈칸에 각 저항값을 저항계로 측정하여 기록하라.

(b) 측정 저항값들을 사용하여 전압 V_4를 계산하고 그 결과를 기록하라.

V_4 = ____________________

(c) 전압 V_4를 측정하고 그 결과를 기록하라.

V_4 = ____________________

(d) 식 (7-3)을 이용하여 (b)의 계산치와 (c)의 측정치 사이의 오차를 계산하라.

오차(%) = ____________________

(e) I_S를 측정하고 그 결과를 기록하라.

I_S = ____________________

(f) 인가전압 E와 (e)의 결과를 사용하여, 주어진 회로망의 총 저항 R_T을 계산하고 그 결과를 기록하라.

R_T (계산치) = ______________________________

(g) 전원공급기를 제거한 후, DMM의 저항계 기능을 사용하여 총 저항 R_T을 측정하고 그 결과를 기록하라.

R_T (측정치) = ______________________________

(h) (g)에서의 측정치와 (f)에서의 계산치를 비교하기 위하여 식 (7-3)의 오차식을 사용하여 계산한 후 그 결과를 기록하라.

오차(%) = ______________________________

마. 컴퓨터 시뮬레이션

(a) 키르히호프의 전류법칙 및 전압법칙, 전류 분배 법칙, 전압 분배 법칙의 응용에 대한 실험으로서 그림 7-8의 회로에서 측정된 저항값들에 대하여, PSpice 또는 그 외의 적절한 프로그램 언어를 사용한 시뮬레이션을 수행하여 각 지로(가지)를 흐르는 전류 I_S, I_1, I_2, I_3와 절점 전압 V_1, V_2, V_3 값들을 구하라.

【표 7-1】

		측정값	시뮬레이션 결과	오차(%)
전류	I_S	[mA]	[mA]	
	I_1	[mA]	[mA]	
	I_2	[mA]	[mA]	
	I_3	[mA]	[mA]	
전압	V_1	[V]	[V]	
	V_2	[V]	[V]	
	V_3	[V]	[V]	

(b) 위의 나(f)~(i), (j)~(m)까지의 실험결과와 마(a)의 시뮬레이션 결과가 일치하는지를 확인하고, 차이가 있다면 그 이유를 설명하라.

실험 8

전류계 및 전압계 설계와 부하효과

1. 목 적

(1) 전류계를 설계하는 법을 익힌다.

(2) 전압계를 설계하는 법을 익힌다.

(3) 전압계 사용 시 전압계의 부하효과를 이해하고 적용하는 법을 익힌다.

2. 관련 이론

(1) 전류계 및 분류기

기본적으로 모든 계기는 전류 민감 소자, 즉 전류계이다. 전류계는 자기장의 형성에 의해 동작되는 코일과 여기에 부착된 지시자로 구성된 가동장치(D'Arsonval movement)와 이에 병렬로 연결된 분로저항(R_{sh}, shunt resistance)으로 형성되어 있다. 가동장치에는 일반적으로 내부저항이 존재하며, 전류계의 측정 범위를 확장시키기 위해서는 분로저항을 측정 범위에 알맞도록 선택하여 가동장치가 받아들일 수 있는 최대 스케일(full scale)의 전류의 크기 이상의 전류를 흘릴 수 있는 분류기로 사용한다(그림 8-1 참조). 따라서 전류계나 뒤에서 배울 전압계의 측정 범위를 확장시키기 위해서는 다음의 두 가지 파라미터를 알고 있어야 한다.

- 가동장치가 받아들일 수 있는 최대 스케일의 전류의 크기 I_M
- 가동장치의 내부 저항 R_M

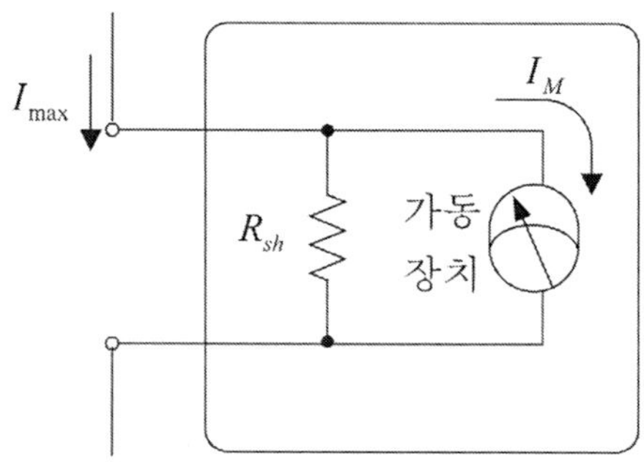

【그림 8-1】

위의 두 파라미터는 계기의 사용자 지침서나 계기 상에 표시되어 있는데, 예로서 20,000Ω/V로 표시되어 있는 VOM의 전류 감도는 1/20,000 즉 50μA가 된다. 이들 파라미터들은 실험을 통해 직접 구할 수도 있다.

그림 8-1의 전류계 회로에서 가동장치의 최대 스케일 전류 I_M=1mA, 내부 저항 R_M=50Ω인 계기를 사용하여, 부하에 흐르는 최대전류 I_{max}=100mA가 되도록 측정 범위를 확장시키기 위해서는 가동장치에 병렬 연결된 R_{sh}로 흐르는 전류가 99mA가 되어야 한다. R_M과 R_{sh}가 병렬회로이므로 $V_{sh}=I_M \times R_M=(I_{max}-I_M)R_{sh}$ 가 된다.

따라서 가동장치의 최대 스케일 전류 I_M, 내부 저항 R_M인 계기를 사용하여, 부하에 흐르는 최대전류가 I_{max}가 되도록 측정 범위를 확장시키기 위해서는 가동장치에 병렬 연결된 R_{sh}값은 다음 식 (8-1)을 사용하여 구할 수 있다.

$$R_{sh} = (\frac{I_M}{I_{\max} - I_M})R_M \qquad (8-1)$$

(2) 전압계 및 배율기

거의 모든 아날로그 전압계는 기본적으로 전류계에 전압의 눈금을 새긴 것이다. 즉, 전류계에 적절한 저항을 삽입하는 단순한 과정을 거쳐 전류계는 전압계를 대치할 수 있다. 예를 들어 가동장치의 최대 스케일 전류 I_M=1mA, 내부 저항 $R_M = 50\Omega$인 전류계에 최대 스케일 전류 I_M=1mA이 흐를 경우 이 전류계 양단에는 50mV의 전압 강하가 발생한다. 만일 0V에서 50mV까지 가변시킬 수 있는 전원을 사용한다면, 이 전류계는 직접 mV로 눈금이 그대로 새겨질 수 있으므로 전압계로 사용할 수 있다. 하지만 이 경우에는 50mV 이상의 전압을 측정할 수 없으므로, 이 이상의 전압을 측정하기를 원한다면 계기의 측정 범위를 확대하여야 한다. 하지만 앞에서 전류계를 설계할 때에도 언급하였듯이 최대 스케일 전류가 제한되어 있으므로, 이를 고려하여 전압계의 측정 범위를 확장할 수 있다. 그림 8-2에서와 같이 최대 스케일 전류 I_M, 내부 저항 R_M인 전류계(가동장치)에 직렬로 배율기 R_S를 연결한다면 이 계기를 사용하여 측정할 수 있는 최대 전압의 측정 범위가 늘어날 수 있다. 예를 들어, 그림 8-2의 회로에서 최대 1V까지 전압을 측정하기 위해서는 가동장치의 최대 전압강하는 $I_M \times R_M$ = 50mV가 되므로, 배율기 R_S 양단에 950mV가 걸려야 한다.

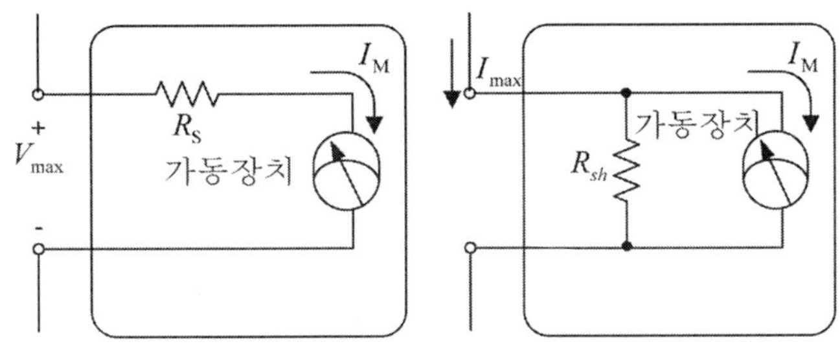

(a) 전압계 (a) 전류계

【그림 8-2】

이와 같이 최대 전압 V_{max}인 전압계를 설계하기 위하여 최대 스케일 전류 I_M, 내부 저항 R_M인 전류계에 직렬로 연결된 배율기 R_S를 구하는 식을 일반적으로 구하면 다음 식 (8-2)와 같이 된다.

$$R_S = (\frac{V_{max}}{I_M}) - R_M \tag{8-2}$$

(3) 전압계의 부하효과

전압계는 부하에 병렬로 연결하여 측정하게 되므로, 전압계의 내부저항이 무한대가 되지 않으면 부하와 전압계의 내부저항이 병렬로 연결된 회로 전압을 측정하는 형태가 되어, 부하 저항 양단의 전압 측정 시 오차가 발생하게 된다. 이와 같이, 전압계의 내부저항으로 인해 전압 측정 시 오차가 발생하는 것을 전압계의 **부하효과**(Loading Effect)라고 한다.

이상적인 경우 전압의 내부저항이 무한대가 된다면, 전압계를 부하에 병렬연결 시의 부하효과를 최소화 할 수 있다. 그림 8-3에 보이는 바와 같이, 전압계의 내부저항 R_{int}은 가동장치의 내부 저항 R_M과 배율기 R_S를 합친 값이 되며 R_{int}이 부하 R_2값과 병렬로 연결되면 R_2값보다 작아지게 되므로 부하 양단의 측정 전압값은 실제값보다 작게 나타난다. 일반적으로 측정 전압값이 신뢰성을 가지기 위해서는 R_{int}이 부하 R_2값 보다 최소한 10배 이상이 되도록 해 주어야 한다.

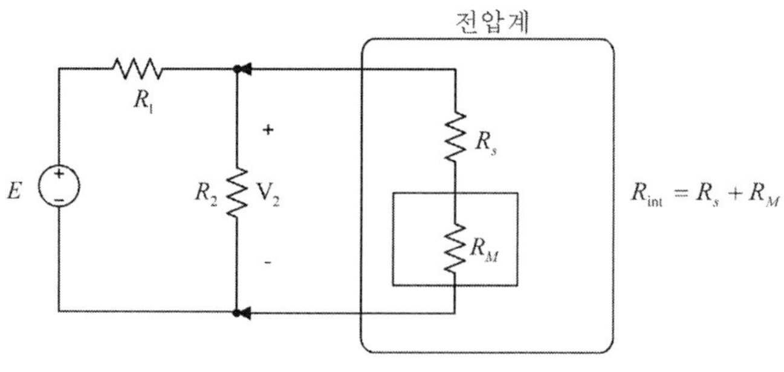

【그림 8-3】

전압계의 내부저항 R_{int}은 가동장치의 내부 저항 R_M과 배율기 R_S를 더한 값이지만 일반적으로 R_M은 R_S에 비해 매우 작으므로 R_{int} = R_S로 근사화 할 수 있다. 따라서 전압 측정 시 전압계의 부하효과에 의한 오차의 크기는 전압계의 감도(Ω/V)에 의해 결정되어 질 수 있으며 전압계의 감도는 다음 식 (8-3)과 같이 계기의 최대 스케일 전류 I_M의 함수로 구해진다.

$$감도(\Omega/V) = 1V/I_M \tag{8-3}$$

만일 계기의 최대 스케일의 눈금을 지시자가 가리키는데 50μA의 전류가 요구된다면 1V를 측정되는 기준으로 하였을 경우 계기 보호를 위해서는 1Ω/(50×10^{-6}V) = 20kΩ의 등가 내부 저항이 필요하다.

Ω/V 의 감도는 모든 전압 레인지에 대해서 일정하지만 등가 계기 저항은 감도에 레인지 선택 전압을 곱한 값으로 나타난다. 예를 들어 20kΩ/V인 감도를 가지는 계기를 최대전압이 10V가 되도록 10V 레인지에서 사용하게 되면, 등가 내부저항은 R_{int} = R_S = 20kΩ × 10 = 200kΩ이 된다.

그림 8-3에서와 같이 R_1=30kΩ, R_2=30kΩ 인 직렬회로에 전원 전압이 E=2V가 인가되었을 때 R_2양단의 전압계를 사용하여 전압을 측정하는 경우를 고려한다. 내부저항 R_{int}이 무한대가 되는 전압계를 사용하여 저항 양단의 전압을 측정할 경우 저항 R_1과 R_2양단에는 각각 10V의 전압강하가 일어나게 되어 R_2 양단의 전압을 측정하는 전압계의 눈금은 10V를 가리켜야만 한다. 그러나 만일 전압계의 내부저항 R_{int}가 30kΩ이라면, 전압계의 내부저항 R_{int}와 부하 R_2가 병렬로 연결된 등가 저항 15kΩ가 새로운 형태의 부하로 작용하게 되어 계기의 눈금은 부하효과에 의해 1V가 아닌 0.67V를 가리키게 된다.

실제적인 관점에서 살펴볼 때, 감도가 20kΩ/V의 계기로 1.5V 레인지에서 R_2 양단의 전압을 측정한다면 부하효과는 다음과 같이 나타난다. 즉, 20kΩ/V인 감도를 가지는 계기를 최대전압이 1.5V가 되는 레인지에서 사용하게 되면, 등가 내부저항은 R_{int}=20kΩ/V × 1.5V = 30kΩ이 되며, 따라서 부하효과로 인한 R_2의 등가 저항은 R_2 =30kΩ와 R_{int}=30kΩ가 병렬 연결된 15kΩ이 된다.
그러므로 계기의 지시값은

$$V_2 = \frac{2V \times 15k\Omega}{30k\Omega + 15k\Omega} = 0.67V \text{ 가 된다.}$$

가 된다.

따라서 이론치인 1V와 부하 효과로 인한 실제 측정치는 0.67V가 되어 이론치인 1V에 비해 많은 오차가 발생한다. 오차식에 의해 오차를 구해보면

$$\text{오차}(\%) = \left|\frac{\text{이론치} - \text{측정치}}{\text{이론치}}\right| \times 100\% \text{ = 33\% 가 된다.}$$

이와 같은 오차를 감소시키기 위해서는 높은 감도를 가지는 계기를 사용하여야 한다. 만일 1MΩ/V의 감도를 가지는 계기가 사용된다면, % 오차는 1.47%로 줄일 수 있다.

3. 실험 예비 문제

실험명	전류계 및 전압계 설계와 부하효과								
학과		학년		학번		조		성명	
작성 일자			실 험 예정일			담당 교수		담당 조교	

(1) 감도(Ω/V)가 50,000인 계기의 전류 감도[mA]는 얼마인가?

(2) 가동장치의 최대 스케일 전류 I_M=1mA, 내부 저항 R_M=50Ω인 계기를 사용하여, 부하에 흐르는 최대전류 0.5mA와 500mA를 측정할 수 있는 전류계를 설계하라.

(3) 가동장치의 최대 스케일 전류 I_M=1mA, 내부 저항 R_M=50Ω인 계기를 사용하여, 부하 양단에 걸리는 최대전압 5V와 50V를 측정할 수 있는 전압계를 설계하라.

(4) 그림 8-4와 같이 5kΩ과 10kΩ의 저항이 직렬 연결된 회로에 20V의 전원 전압이 공급되는 회로에 대해서 10,000 Ω/V의 감도를 가지는 전압계를 사용하여 20V 레인지에서 3kΩ 양단의 전압을 측정할 경우 계기의 눈금이 지시하는 값은 얼마인가?

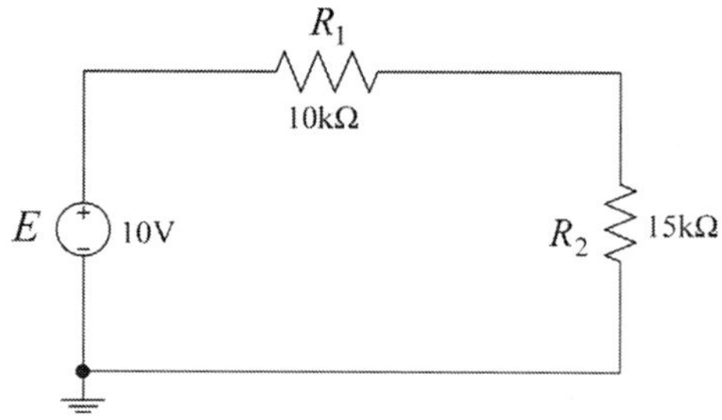

【그림 8-4】

4. 실 험

실험명	전류계 및 전압계 설계와 부하효과								
학과		학년		학번		조		성명	
실험 일자			작성 일자			담당 교수		담당 조교	

(1) 사용기기 및 부품

측정계기 : 디지털 멀티미터(DMM) 1대
VOM 1대
(* 1mA 전류 측정 레인지를 가지는 것이 없다면 100μA 레인지 측정기 사용 가능)
직류 전원 공급기 1대

저 항 기 : 100Ω, 1kΩ, 1.2kΩ, 3kΩ, 7kΩ, 10kΩ, 15kΩ, 100kΩ, 1/4W (탄소) 저항기 각 1개
가변저항기 : 0~1kΩ, 0~10kΩ 각 1개

(2) 실험과정

가. 전류계 설계

(a) 전류계의 내부저항 결정

(i) 그림 8-5와 같이 회로를 구성하라.

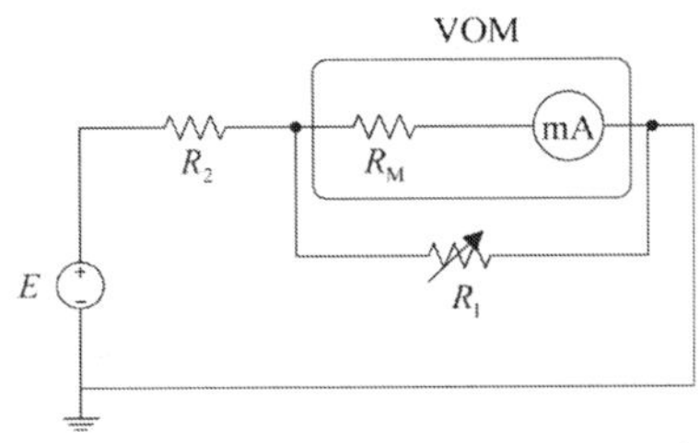

【그림 8-5】

(ii) VOM을 1mA 전류 측정 레인지에 고정하라(만일 사용 계기의 전류 레인지가 1mA가 없다면 100μA 레인지에 위치시켜라). 다음은 저항 R_1을 제거한 후, 계기의 지침이 최대 눈금을 지시할 때 까지 전원 공급기의 전압을 서서히 증가시킨 다음 전원 공급기의 전압값을 기록하라.

E = ____________________

(iii) (ii)의 전원 공급기 전압값을 그대로 유지시킨 상태에서 그림 8-5와 같이 다시 가변저항기(0~1kΩ) R_1을 연결한 후, 계기의 지침이 최대 눈금의 반의 위치에 올 때까지 R_1을 조정하라. 다음은 전원 공급기 전원을 끄고 R_1값을 측정하여 기록하라.

R_1 = ____________________

이 R_1 값이 VOM의 내부저항 R_M이 됨을 설명하라.

(iv) 그림 8-5의 회로에서 R_1=100Ω, R_2=1.2kΩ으로 바꾼 후, VOM을 10mA 전류 측정 레인지로 재설정한 후 (ii)~(iii)의 과정을 반복하여 VOM의 내부저항 R_M 값을 결정하라.

R_M = ____________________

(v) (iii)과 (iv)의 결과값이 같은지를 비교하라. 다르다면 다음 식에 의해 오차를 계산하라.

$$\text{오차}(\%) = \left|\frac{(\text{iii})\text{의 결과} - (\text{iv})\text{의 결과}}{(\text{iii})\text{의 결과}}\right| \times 100\%$$

오차(%) = ______________________

(b) 멀티레인지 전류계 설계

(i) 그림 8-6와 같이 회로를 구성하라.

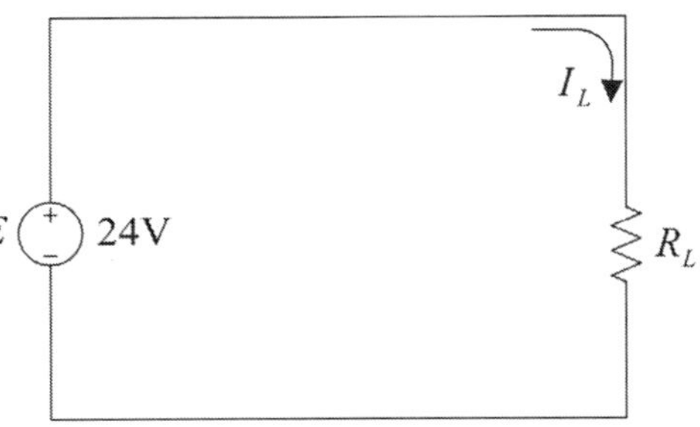

【그림 8-6】

(ii) 부하 저항을 R_L = 3kΩ으로 놓고 부하에 흐르는 전류 I_L 을 계산하라.

I_L = ______________________

(iii) 그림 8-6에서 부하전류를 측정하기 위하여 그림 8-7과 같이 회로를 구성하라. 가(a)(iii)에서 얻어진 VOM의 내부저항 R_M을 이용하여 VOM의 전류계 기능의 최대 스케일을 I_M=1mA에서 I_{max}=10mA로 확장하기 위한 분류기 저항값 R_{sh}을 계산하라(식 (8-1)이용).

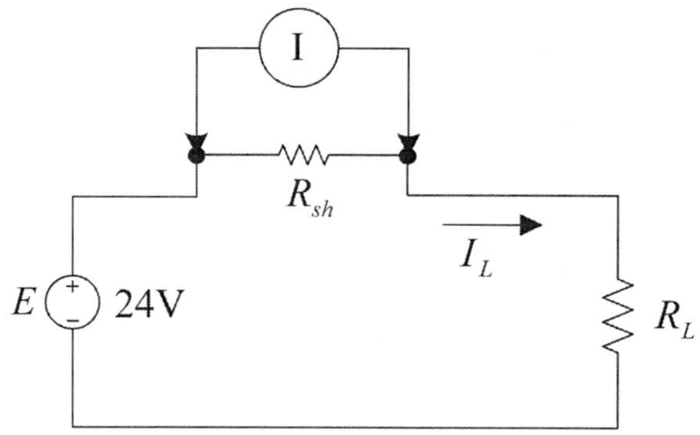

【그림 8-7】

R_{sh} = ____________________

VOM을 1mA 전류 측정 레인지에 고정하고, 위에서 구한 R_{sh} 값을 가지는 저항기를 그림 8-7에 연결한 상태에서 부하전류를 측정하라. 이때 VOM의 최대치는 10mA를 나타내게 됨에 유의한다.

I_L = ____________________

(iv) 다음 식을 이용하여 (ii)의 계산치와 (iii)의 실험치사이의 오차를 계산하라.

$$오차(\%) = \left|\frac{계산치 - 실험치}{계산치}\right| \times 100\%$$

오차(%) = ________________

(v) 부하 저항을 R_L= 7kΩ으로 놓고 VOM의 전류계 기능의 최대 스케일을 I_M =1mA에서 I_{max}=5mA로 확장하여 전류계 설계 실험을 하는 과정 (ii)~(iv)을 반복하라.

I_L(계산치)= ________________

R_{sh}(계산치)= ________________

I_L(실험치)= ________________

오차(%) = ________________

나. 전압계 설계

(a) 전압계의 내부저항 결정

(i) 그림 8-8과 같이 회로를 구성하라.

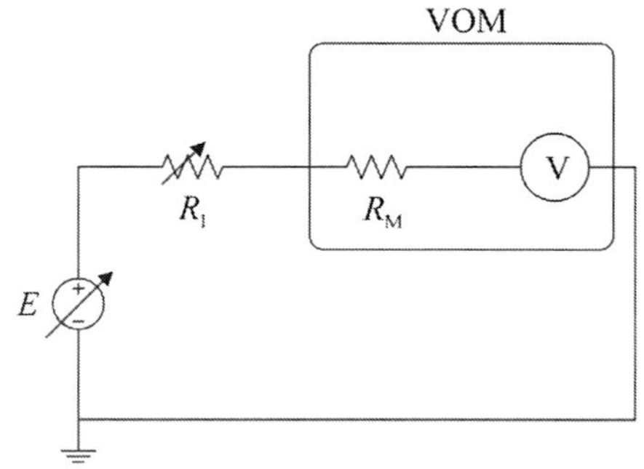

【그림 8-8】

(ii) VOM을 2.5V 직류(DC) 전압 측정 레인지에 고정하라(만일 사용 계기의 전압 레인지에 2.5V가 없다면 가장 근접한 레인지에 위치시켜라). 다음은 저항 R_1을 제거한 후, 계기의 지침이 최대 눈금을 지시할 때 까지 전원 공급기의 전압을 서서히 증가시킨 다음 전원 공급기의 전압값을 기록하라.

E = ____________________

(iii) (ii)의 전원 공급기 전압값을 그대로 유지시킨 상태에서 그림 8-5와 같이 다시 가변저항기(0~1kΩ) R_1을 연결한 후, 계기의 지침이 최대 눈금의 반의 위치에 올 때까지 R_1을 조정하라. 다음은 전원 공급기 전원을 끄고 R_1 값을 측정하여 기록하라.

R_1 = ____________________

이 R_1 값이 VOM의 내부저항 R_M이 됨을 설명하라.

(b) 멀티레인지 전압계 설계

(i) 그림 8-9와 같이 회로를 구성하라.

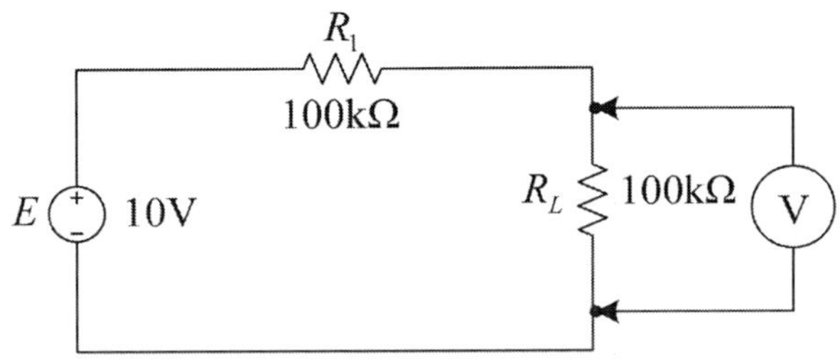

【그림 8-9】

(ii) 부하 저항을 R_L = 100kΩ으로 놓고 부하 저항 양단에 걸리는 전압 V_L을 계산하라.

V_L = ____________________

(iii) 그림 8-9에서 부하 전압을 측정하기 위하여 그림 8-10과 같이 회로를 구성하라. 나(a)(iii)에서 얻어진 VOM의 내부저항 R_M을 이용하여 VOM의 전

압계 기능의 최대 스케일 전류 I_M=1mA 레인지 위치로 놓고, 이 1mA 계기를 활용하여 최대 전압 10V까지 측정할 수 있도록 하기 위하여 요구되는 배율기 저항값 R_S를 계산하라(식 (8-2)이용).

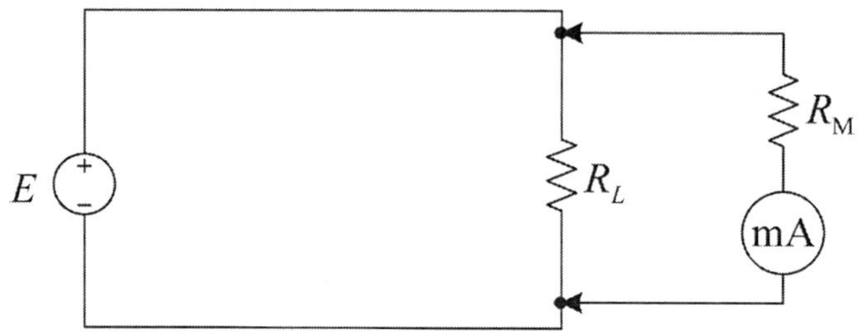

【그림 8-10】

R_S = ______________________

VOM을 1mA 전류 측정 레인지에 고정하고, 위에서 구한 R_S 값을 가지는 저항기를 그림 8-10에 연결한 상태에서 부하전압을 측정하라. 이때 VOM의 최대치는 10V를 나타내게 됨에 유의한다.

V_L = ______________________

(iv) 다음 식을 이용하여 (ii)의 계산치와 (iii)의 실험치 사이의 오차를 계산하라.

$$\text{오차}(\%) = \left|\frac{\text{계산치} - \text{실험치}}{\text{계산치}}\right| \times 100\%$$

오차(%) = ______________________

다. 부하효과

(a) 그림 8-11과 같은 회로를 구성하라.

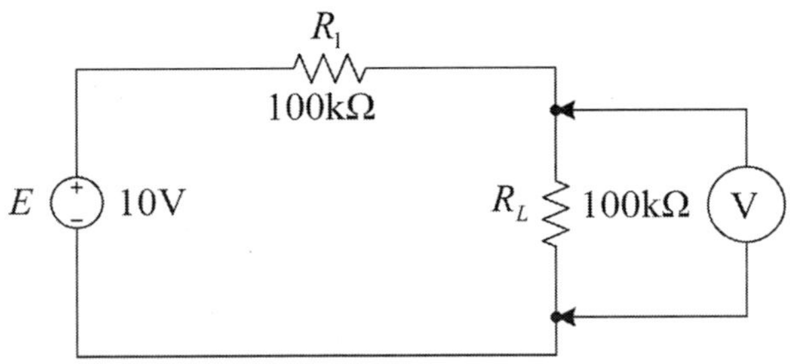

【그림 8-11】

(b) 부하 저항 R_L 양단에 걸리는 전압 V_L을 계산하라.

V_L = ________________________

(c) VOM을 사용하여 부하 저항 R_L 양단에 걸리는 전압 V_L을 측정하라.

V_L = ________________________

(d) 다음 식을 이용하여 (b)의 계산치와 (c)의 측정치 사이의 % 오차를 계산하라.

$$\text{오차}(\%) = \left|\frac{\text{계산치} - \text{측정치}}{\text{계산치}}\right| \times 100\%$$

오차(%) = ________________________

오차가 발생하는 이유를 설명하고, 이를 줄일 수 있는 방안을 기술하라.

(e) 나(a)에서 얻어진 전압계의 내부저항 R_M을 사용하여 그림 8-12와 같이 그림 8-11을 다시 그려라.

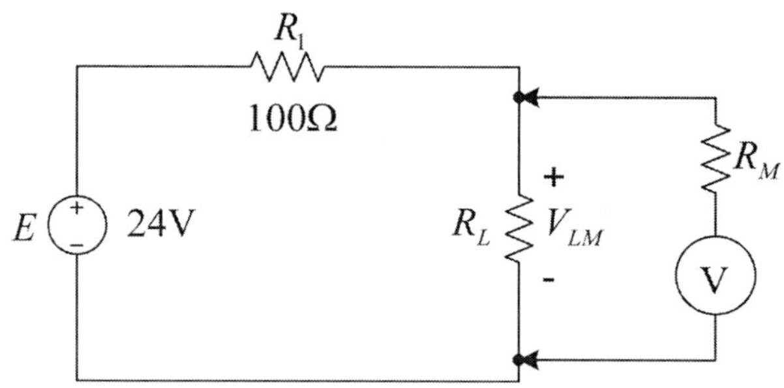

【그림 8-12】

(f) 내부저항 R_M을 포함한 그림 8-12의 회로에서 부하 저항 R_L과 내부저항 R_M의 병렬 저항 양단에 걸리는 전압을 V_{LM}을 계산하라.

V_{LM} = ______________________

(g) 다음 식을 이용하여 (f)의 계산치와 (c)의 측정치 사이의 오차를 계산하라.

$$\text{오차}(\%) = \left| \frac{\text{계산치} - \text{측정치}}{\text{계산치}} \right| \times 100\%$$

오차(%) = ________________________

오차가 발생하는 이유를 설명하고, 이를 줄일 수 있는 방안을 기술하라.

실험 9

절점해석기법과 망로해석기법

1. 목 적

(1) 절점해석기법을 이해하고 실험적으로 검증한다.

(2) 망로해석기법을 이해하고 실험적으로 검증한다.

(3) 절점 및 망로해석기법을 이용한 회로 해석을 위하여 컴퓨터 시뮬레이션을 적용하는 법을 익힌다.

(4) 컴퓨터 시뮬레이션에 의해 얻어진 결과와 실험치와의 비교 방법을 익힌다.

2. 관련 이론

(1) 절점해석 기법

절점해석기법(Nodal Analysis) 또는 **노드해석기법**(Nodal Analysis)이란 주어진 회로내의 N개의 미지수(공통노드를 제외한 N개의 노드전압들이 됨)의 해를 구하기 위하여 키르히호프의 전류법칙(KCL)을 적용하여 N개의 방정식을 세우는 체계적인 회로해석 기법을 말한다.

절점해석기법을 사용하여 회로해석을 수행할 때에는 일반적으로 다음과 같은 해석과정을 거친다.

가. 한 개의 공통노드와 모든 다른 노드들을 찾아 회로 상에 표시한다. 이때 공통노드는 임의로 설정할 수 있지만 일반적으로 가장 많이 연결된 가지를 갖는 노드를 공통노드로 택하는 것이 해석에 유리하다(그러나 보통은 하나의 노드가 이미 공통노드로 기 설정되어 있으므로 공통노드 선택에 고민할 필요가 없음).

나. 공통노드를 제외한 모든 노드들에 대하여 미지의 노드전압의 함수로서 KCL 방정식을 세운다. 즉, 저항들을 통하여 흐르는 전류들을 모두 옴의 법칙에 의하여 노드(절점) 전압 차와 저항들의 비로서 바꾸어 준다. 이들 KCL 방정식의 개수는 미지의 노드전압의 개수와 같아져야 한다.

다. 이들 연립방정식으로부터 적절한 방법을 사용하여 미지 전압값들을 구한다.

라. 만일 가지 전류값이 필요하다면, 옴의 법칙을 이용한 전류식에 앞의 다. 에서 구한 노드전압들을 대입하여 전류값을 얻는다.

이제 위의 해석과정을 따르는 절점해석기법을 사용하여 그림 9-1의 회로를 해석하는 예를 보인다.

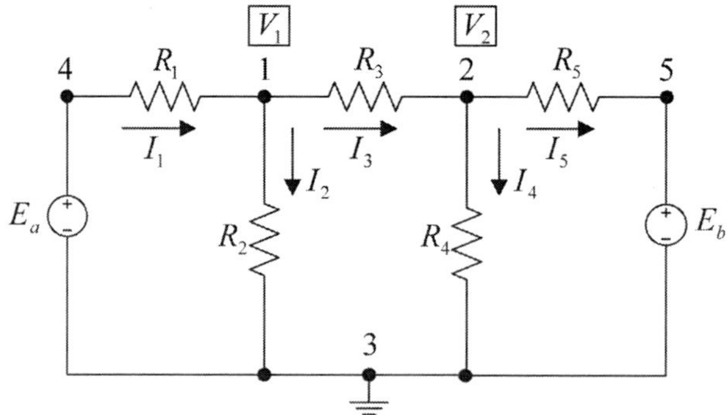

【그림 9-1】

절점 1에서 :

$$\frac{V_1 - E_a}{R_1} + \frac{V_1}{R_2} + \frac{V_1 - V_2}{R_3} = 0 \qquad (9\text{-}1)$$

절점 2에서 :

$$\frac{V_2 - V_1}{R_3} + \frac{V_2}{R_4} + \frac{V_2 - E_b}{R_5} = 0 \qquad (9\text{-}2)$$

이제 식 (9-1)과 (9-2)의 연립방정식을 풀면, 절점 1과 2에서의 전압 V_1과 V_2이 구해진다.

한편 각 저항을 흐르는 전류들은 위에서 구한 절점 1과 2에서의 전압 V_1, V_2들과 옴의 법칙으로부터 다음과 같이 얻을 수 있다.

$$I_1 = \frac{E_a - V_1}{R_1}$$

$$I_2 = \frac{V_1}{R_2}$$

$$I_3 = \frac{V_1 - V_2}{R_3}$$

$$I_4 = \frac{V_2}{R_4}$$

$$I_5 = \frac{V_2 - E_b}{R_5}$$

(2) 망로해석 기법

망로해석기법(Mesh Analysis) 또는 **메쉬해석기법**이란 주어진 회로내의 N개의 미지수(N개의 망로전류들이 됨)의 해를 구하기 위하여 키르히호프의 전압법칙(KVL)을 적용하여 N개의 방정식을 세우는 체계적인 회로해석 기법을 말한다.

망로해석기법을 사용하여 회로해석을 수행할 때에는 일반적으로 다음과 같은 해석과정을 거친다.

가. 먼저 회로내의 모든 망로(메쉬)들에 대하여 각각 미지의 전류들을 배정한다. 이때 모든 전류의 방향은 일반적으로 시계방향으로 일관성 있게 잡는다.

나. 각 망로에 대하여 미지의 망로 전류들의 함수로서 KVL 방정식을 세운다. 이들 KVL 방정식의 개수는 미지의 망로 전류의 개수와 같아져야 한다.

다. 이들 연립방정식으로부터 적절한 방법을 사용하여 미지 전류값들을 구한다.

라. 만일 노드 전압값이 필요하다면, 옴의 법칙을 이용한 전압식에 앞의 다. 에서 구한 망로 전류값들을 대입하여 전압값을 얻는다.

이제 위의 해석과정을 따르는 망로해석기법을 사용하여 그림 9-2의 회로를 해석하는 예를 보인다.

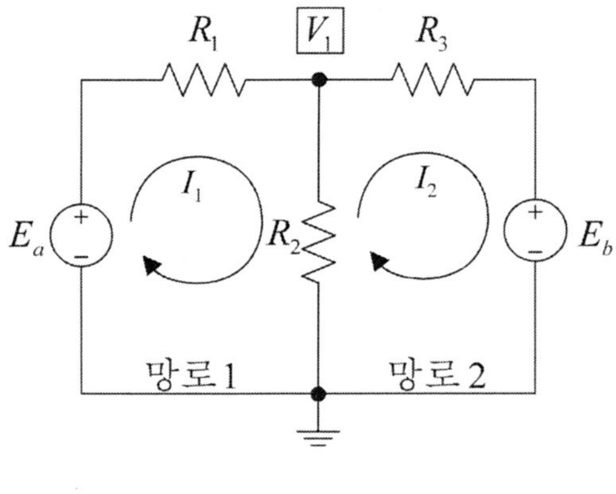

【그림 9-2】

망로 1에서 :

$$-E_a + R_1 I_1 + R_2 (I_1 - I_2) = 0$$

이를 정리하면

$$(R_1 + R_2)I_1 - R_2 I_2 = E_a \tag{9-3}$$

망로 2에서:

$$E_b + R_2(I_2 - I_1) + R_3 I_2 = 0$$

이를 정리하면

$$-R_2 I_1 + (R_2 + R_3)I_2 = -E_b \tag{9-4}$$

이제 식 (9-3)과 (9-4)의 연립방정식을 풀면 망로 전류 I_1과 I_2를 쉽게 구할 수 있다.

한편 노드 1 의 전압 V_1 은 앞에서 구한 I_1과 I_2 값들과 옴의 법칙을 이용하여 다음과 같이 얻을 수 있다.

$$V_1 = R_2(I_1 - I_2)$$

아울러 이번 장에서는 절점해석기법과 망로해석기법을 이해하기 위해서 사용된 하드웨어 회로를 다시 구성하여 컴퓨터 해석을 수행한다.

3. 실험 예비 문제

<table>
<tr><th>실험명</th><th colspan="9">절점해석기법과 망로해석기법</th></tr>
<tr><td>학과</td><td></td><td>학년</td><td></td><td>학번</td><td></td><td>조</td><td></td><td>성명</td><td></td></tr>
<tr><td>작성
일자</td><td colspan="2"></td><td>실 험
예정일</td><td colspan="2"></td><td>담당
교수</td><td></td><td>담당
조교</td><td></td></tr>
</table>

(1) 그림 9-3의 회로에서, 절점해석기법을 이용하여 미지수 I_1, I_2, I_3 을 구하라.

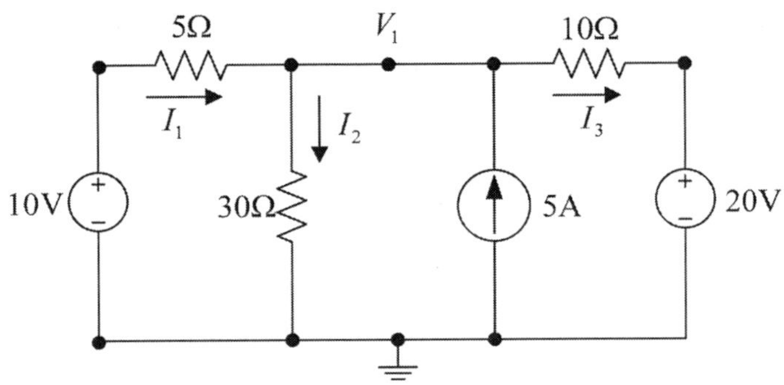

【그림 9-3】

I_1 = ____________________

I_2 = ____________________

I_3 = ____________________

(2) 그림 9-4의 회로에서, 망로해석기법을 이용하여 미지수 I_1, I_2, V_X 를 구하라.

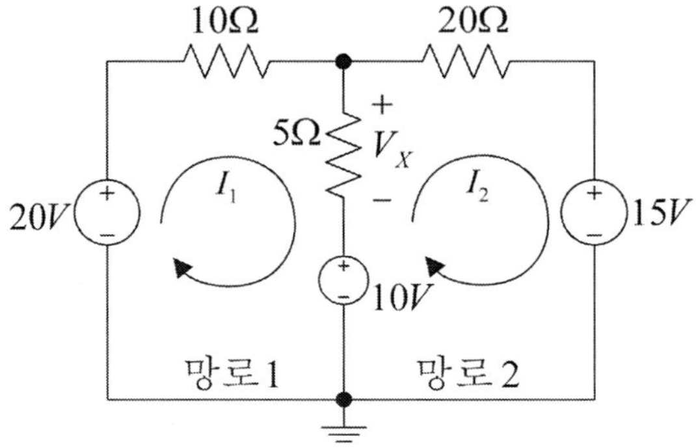

【그림 9-4】

I_1 = ____________________

I_2 = ____________________

V_X = ____________________

4. 실 험

실험명	절점해석기법과 망로해석기법								
학과		학년		학번		조		성명	
실험 일자			작성 일자			담당 교수		담당 조교	

(1) 사용기기 및 부품

측정계기 : 디지털 멀티미터(DMM) 1대
직류 전원 공급기 1대
(* 2채널 전원공급기가 아닌 경우에는 두 조를 합쳐서 실험 가능)

저 항 기 : 1.2kΩ, 1/4W (탄소) 저항기 각 1개
1kΩ, 2kΩ, 3kΩ, 1/4W (탄소) 저항기 각 2개

컴퓨터시스템 및 소프트웨어 : PSpice (Windows)나 C++, QBASIC, PASCAL, FORTRAN 등 필요한 프로그램 언어를 사용할 수 있도록 준비된 컴퓨터 시스템

(2) 실험과정

가. 절점해석기법

(a) 그림 9-5와 같은 회로를 구성하라.

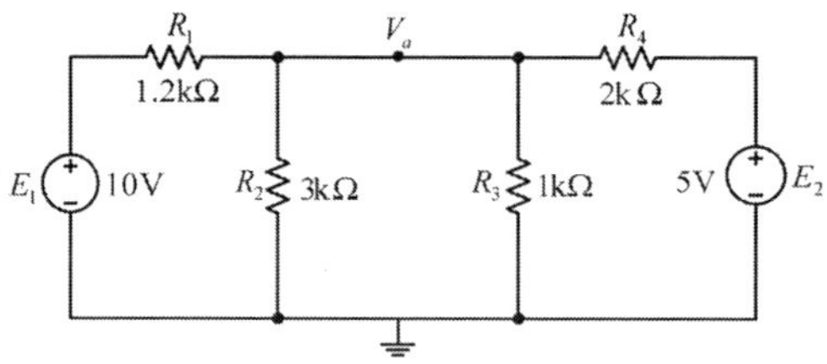

R_1(측정치) = ________

R_2(측정치) = ________

R_3(측정치) = ________

R_4(측정치) = ________

【그림 9-5】

그림 9-5의 오른편의 빈칸에 각 저항값을 저항계로 측정하여 기록하라.

계산에 의한 해석 :

(b) 그림 9-5에서 측정 저항값들과 절점해석기법을 사용하여 V_a 값을 계산하고 그 결과를 기록하라.

V_a = ____________________

(c) 측정 저항값들과 앞에서 계산된 V_a 값을 사용하여, 전류 I_{R_1}, I_{R_3} 값을 계산하고 그 결과를 표 9-1에 기록하라.

I_{R_1} = ____________________, I_{R_3} = ____________________

【표 9-1】

전류	계산값 [mA]	측정값 [mA]	오차(%)
I_{R_1}			
I_{R_3}			

측정에 의한 해석:

(d) 그림 9-5에서 V_a 값을 측정하고 그 결과를 기록하라.

V_a = ____________________

(e) 식 (9-5)을 이용하여 (d)의 측정치와 (b)의 계산치 사이의 오차를 계산하라.

$$\text{오차}(\%) = \left| \frac{\text{계산치} - \text{측정치}}{\text{계산치}} \right| \times 100\% \qquad (9\text{-}5)$$

(f) 측정 저항값들과 앞에서 측정된 V_a 값을 사용하여, 전류 I_{R_1}, I_{R_3} 값을 측정하고 그 결과를 표 9-1의 측정값 란에 기록하라.

I_{R_1} = ____________________, I_{R_3} = ____________________

(g) 식 (9-5)을 이용하여 (f)의 전류 I_{R_1}, I_{R_3}측정치들과 (c)의 계산치들 사이의 오차를 계산하고 그 결과를 표 9-1에 기록하라.

나. 망로해석기법

(a) 그림 9-6과 같은 회로를 구성하라.

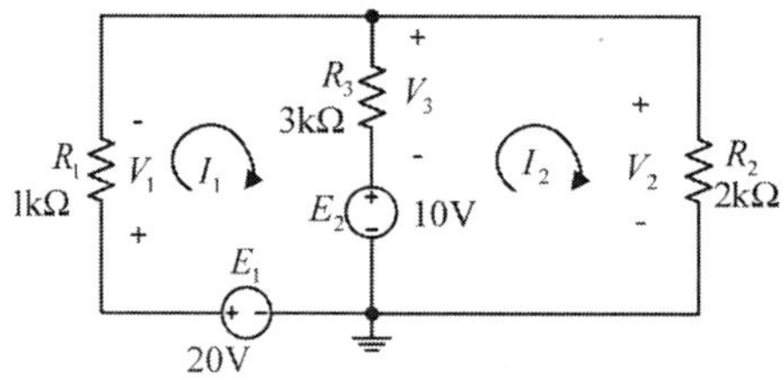

R_1(측정치) = ____________

R_2(측정치) = ____________

R_3(측정치) = ____________

【그림 9-6】

그림 9-6의 오른편의 빈칸에 각 저항값을 저항계로 측정하여 기록하라.

계산에 의한 해석:

(b) 그림 9-6에서 측정 저항값들과 망로해석기법을 사용하여 망로전류 I_1, I_2값을 계산하고 그 결과를 기록하라. 또한 그 결과를 표 9-2의 계산값 란에 기록하라.

I_1 = ____________________,　I_2 = ____________________

【표 9-2】

전류	계산값 [mA]	측정값 [mA]	오차(%)
$I_{R_1} = I_1$			
$I_{R_2} = I_2$			
$I_{R_3} = I_1 - I_2$			

측정에 의한 해석:

(c) 그림 9-6에서 V_1, V_2, V_3 값을 측정하고 그 결과를 기록하라 (전압의 극성에 주의).

V_1 = ____________________, V_2 = ____________________,

V_3 = ____________________

(d) 측정 저항값들과 앞에서 측정된 전압값을 사용하여, 전류 I_{R_1}, I_{R_2}, I_{R_3} 값을 측정하고 그 결과를 표 9-2의 측정값 란에 기록하라(전압의 극성과 전류의 방향에 주의).

(e) 식 (9-5)을 이용하여 (d)의 측정치와 (b)의 계산치 사이의 % 오차를 계산하고 그 결과를 표 9-2의 % 오차 란에 기록하라.

다. 브리지 회로 해석에 절점해석기법과 망로해석기법의 적용

(a) 그림 9-7과 같은 회로를 구성하라.

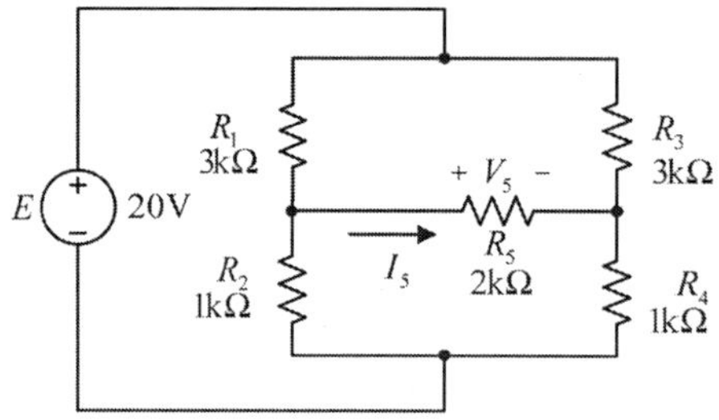

R_1(측정치) = ____________

R_2(측정치) = ____________

R_3(측정치) = ____________

R_4(측정치) = ____________

R_5(측정치) = ____________

【그림 9-7】

그림 9-7의 오른편의 빈칸에 각 저항값을 저항계로 측정하여 기록하라.

계산에 의한 해석:

(b) 그림 9-7에서 측정 저항값들과 절점해석기법을 사용하여 전압 V_5와 전류 I_5값을 계산하고 그 결과를 기록하라.

V_5 = ____________, I_5 = ____________

(c) 그림 9-7에서 측정 저항값들과 망로해석기법을 사용하여 전압 V_5와 전류 I_5값을 계산하고 그 결과를 기록하라.

V_5 = ____________, I_5 = ____________

측정에 의한 해석 :

(d) 그림 9-7에서 V_5값을 측정하고 그 결과를 기록하라 (전압의 극성에 주의).

V_5 = ____________________

(e) 식 (9-5)을 이용하여 (d)의 측정치와 (b)의 계산치 사이의 오차를 계산하고 그 결과를 기록하라.

오차(%) = ____________________

(f) 식 (9-5)을 이용하여 (d)의 측정치와 (c)의 계산치 사이의 오차를 계산하고 그 결과를 기록하라.

오차(%) = ____________________

(g) 그림 9-7에서 측정 저항값들과 위의 측정 전압 V_5를 사용하여 전류 I_5값을 계산하고 그 결과를 측정치로서 기록하라.

I_5 (측정치) = ____________________

(h) 식 (9-5)을 이용하여 (g)의 전류 I_5 측정치와 (b)의 계산치 사이의 오차를 계산하고 그 결과를 기록하라.

오차(%) = ____________________

(i) 식 (9-5)을 이용하여 (g)의 전류 I_5 측정치와 (c)의 계산치 사이의 오차를 계산하고 그 결과를 기록하라.

오차(%) = ____________________

라. 컴퓨터 시뮬레이션

(a) 절점해석기법의 응용에 대한 실험으로서 그림 9-5의 회로에서 측정된 저항값들에 대하여, PSpice 또는 그 외의 적절한 프로그램 언어를 사용한 시뮬레이션을 수행하여 전류 I_{R_1}, I_{R_3} 값을 구하여 표 9-3의 시뮬레이션 결과 란에 기록하라.

(b) 가(d)~(f)까지의 실험과정을 통해 측정된 전류 I_{R_1}, I_{R_3} 값을 표 9-3의 측정값 란에 기록하라.

【표 9-3】

전류	측정값 [mA]	시뮬레이션 결과 [mA]	오차(%)
I_{R_1}			
I_{R_3}			

(c) 표 9-3으로 정리된 가(d)~(f)까지의 실험결과와 라(a)의 시뮬레이션 결과가 일치하는지를 확인하고, 차이가 있다면 그 이유를 설명하라.

(d) 망로해석기법의 응용에 대한 실험으로서 그림 9-6의 회로에서 측정된 저항값들에 대하여, PSpice 또는 그 외의 적절한 프로그램 언어를 사용한 시뮬레이션을 수행하여 각 지로(가지)를 흐르는 전류 I_{R_1}, I_{R_2}, I_{R_3} 값을 구하여 표 9-3의 시뮬레이션 결과 란에 기록하라.

(e) 나(c)~(e)의 실험과정을 통해 측정된 전류 I_{R_1}, I_{R_2}, I_{R_3} 값을 표 9-3의 측정값 란에 기록하라.

【표 9-4】

전류	측정값 [mA]	시뮬레이션 결과 [mA]	오차(%)
$I_{R_1} = I_1$			
$I_{R_2} = I_2$			
$I_{R_3} = I_1 - I_2$			

(c) 표 9-3으로 정리된 가(d)~(f)까지의 실험결과와 라(a)의 시뮬레이션 결과가 일치하는지를 확인하고, 차이가 있다면 그 이유를 설명하라.

실험 10

휘트스톤 브리지 회로와 Δ-Y 변환

1. 목 적

(1) 휘트스톤 브리지 회로의 특성을 이해하고 동작 원리를 익힌다.

(2) △-Y 변환을 휘트스톤 브리지에 적용하여 △-Y 변환 공식이 성립함을 실험적으로 검증한다.

(3) 휘트스톤 브리지 회로의 특성 및 동작원리 이해를 위하여 컴퓨터 시뮬레이션을 적용하는 법을 익힌다.

(4) 컴퓨터 시뮬레이션에 의해 얻어진 결과와 실험치와의 비교 방법을 익힌다.

2. 관련 이론

(1) 사용 계측기

휘트스톤 브리지(Wheatstone Bridge)는 미지의 저항값을 정확히 측정하는데 사용하는 기기이다. 기본적인 휘트스톤 브리지 회로는 그림 10-1과 같다. R_x는 미지의 저항이고, R_1, R_2, R_3는 값을 알고 있는 저항이다.

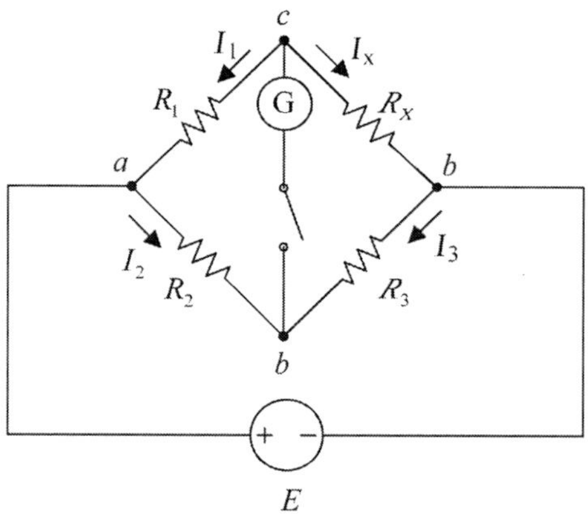

【그림 10-1】

갈바노미터(G)의 지시 값이 0이 될 때, 그림 10-1의 브리지 회로는 평형이 된다. 만일 I_G=0A가 되면 V_{bd}는 0이 되며

$$V_{ab} = V_{ad}, \ V_{bc} = V_{dc}$$

가 된다.

옴의 법칙을 적용하여 위의 식에 대입하면, 다음 식 (10-1)과 (10-2)가 얻어진다.

$$I_1R_1 = I_3R_3 \tag{10-1}$$

$$I_2R_2 = I_xR_x \tag{10-2}$$

I_G=0A 일 때, $I_1 = I_2$ 이고 $I_3 = I_x$ 이므로, 식 (10-1)과 (10-2)의 비를 구하면 다음 식 (10-3)과 같이 얻어진다.

$$\frac{R_1}{R_2} = \frac{R_3}{R_x} \tag{10-3}$$

그림 (10-1)을 위한 식 (10-3)과 같은 방정식을 브리지 회로의 **평형조건(Balanced Condition)**이라고 한다. 브리지의 저항 중 하나를 가변저항으로 함으로써 브리지의 다른 암(Arm)의 변화를 보상하는 것이 가능하다. 식 (10-3)으로부터 미지 저항 R_x는 식 (10-4)와 같이 얻어진다.

$$R_x = \frac{R_2}{R_1} R_3 \tag{10-4}$$

(2) △-Y 변환

회로를 구성하는 저항들이 직렬이나 병렬로 연결되어 있지 않은 것처럼 보이는 회로 구성들이 종종 있다. 이러한 경우 회로 해석에 어려움이 따를 수 있으므로, 난해한 회로의 부분을 다른 형태로 바꿀 필요가 있다. 본 실험에서 다루어지는 두 가지 회로 형태는 델타(△)와 와이(Y) 결선이며, 이들은 그림 10-2와 같은 결선 형태를 가진다. △ 결선을 Y 결선으로 변환시키기 위해서는 식 (10-5)의 변환 공식을 사용하여 파라미터를 결정하며, 반대로 Y 결선을 △ 결선으로 변환시키기 위해서는 식 (10-6)의 변환 공식을 사용하여 파라미터를 구하면 된다.

$$\begin{aligned} R_1 &= \frac{R_B R_C}{R_A + R_B + R_C} \\ R_2 &= \frac{R_A R_C}{R_A + R_B + R_C} \\ R_3 &= \frac{R_A R_B}{R_A + R_B + R_C} \end{aligned} \tag{10-5}$$

$$R_A = \frac{R_1R_2 + R_1R_3 + R_2R_3}{R_1}$$

$$R_B = \frac{R_1R_2 + R_1R_3 + R_2R_3}{R_2} \quad (10\text{-}6)$$

$$R_C = \frac{R_1R_2 + R_1R_3 + R_2R_3}{R_3}$$

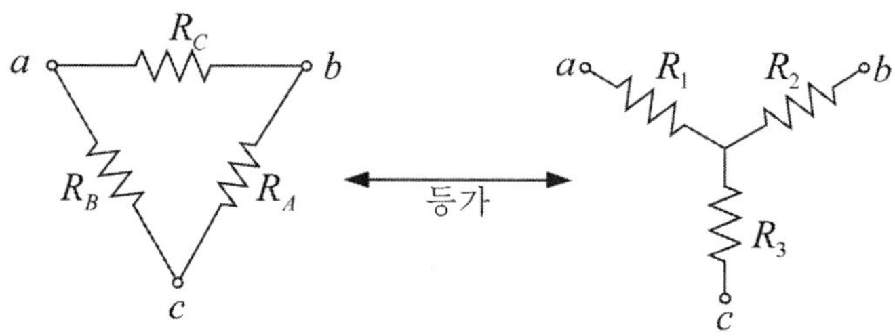

(a) 델타 결선 (b) 와이 결선

【그림 10-2】

△ 결선을 Y 결선으로 변환 시, 만일 △ 결선 회로의 모든 저항값이 같다면(즉, $R_\Delta = R_A = R_B = R_C$) 식 (10-7)과 같이 된다. 즉, Y 결선 회로의 모든 저항값은 동일하며, △ 결선 회로 저항값의 1/3배가 된다.

$$R_Y = \frac{R_\Delta}{3} \quad (10\text{-}7)$$

Y 결선을 △ 결선으로 변환 시, 만일 Y 결선 회로의 모든 저항값이 같다면(즉, $R_Y = R_1 = R_2 = R_3$) 식 (10-7)과 같이 된다. 즉, △ 결선 회로의 모든 저항값은 동일하며, Y 결선 회로 저항값의 3배가 된다.

또한 이번 장에서는 휘트스톤 브리지 회로의 특성 및 동작원리 이해를 위하여 사용된 하드웨어 회로를 다시 구성하여 컴퓨터 해석을 수행한다.

3. 실험 예비 문제

실험명	휘트스톤 브리지회로와 △ - Y 변환								
학과		학년		학번		조		성명	
작성 일자		실 험 예정일				담당 교수		담당 조교	

(1) 그림 10-3의 회로의 상단 △ 부분을 △-Y 변환한 후, 입력 전원에서 나오는 전류 I 를 구하라.

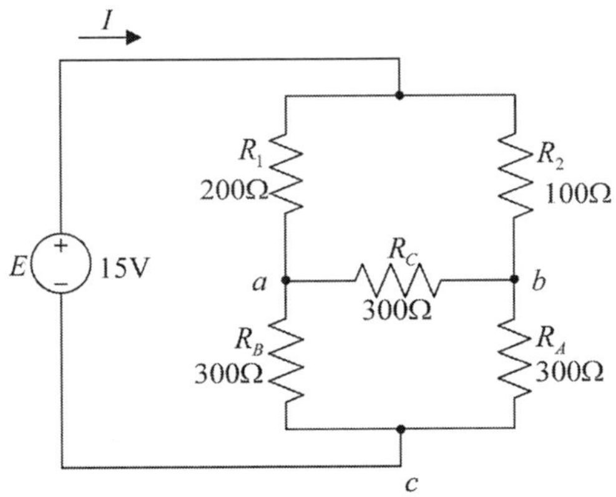

【그림 10-3】

I = ____________________

(2) 그림 10-1의 회로에서 만일 R_1=1.5Ω, R_2=3.3Ω, R_3=1.5MΩ이라면, 이 브리지회로가 평형이 되기 위한 R_x값을 구하라.

R_x = ____________________

4. 실 험

실험명	휘트스톤 브리지회로와 △-Y 변환								
학과		학년		학번		조		성명	
실험 일자			작성 일자			담당 교수		담당 조교	

(1) 사용기기 및 부품

측정계기 : 디지털 멀티미터(DMM) 1대
　　　　　직류 전원 공급기 1대

저 항 기 : 100Ω, 200Ω, 300Ω, 1/4W (탄소) 저항기 1개
　　　　　330Ω, 1/4W (탄소) 저항기 3개
　　　　　1kΩ, 1/4W (탄소) 저항기 3개

가변저항기 : 0~1kΩ　1개

컴퓨터시스템 및 소프트웨어 : PSpice (Windows)나 C++, QBASIC, PASCAL, FORTRAN 등 필요한 프로그램 언어를 사용할 수 있도록 준비된 컴퓨터 시스템

(2) 실험과정

가. 휘트스톤 브리지 회로

(a) 그림 10-4와 같은 회로를 구성하라.

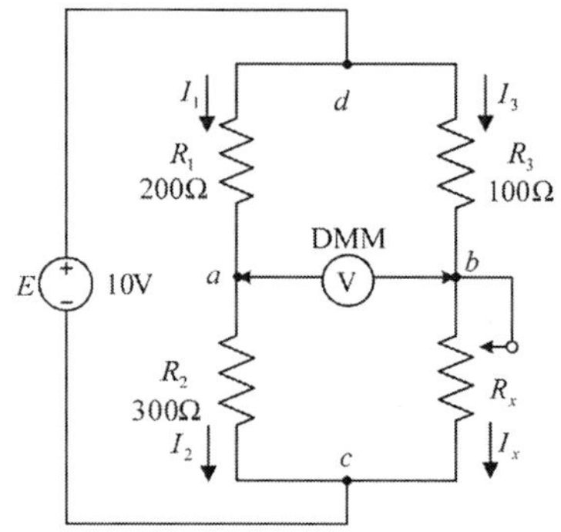

R_1(측정치) = ____________

R_2(측정치) = ____________

R_3(측정치) = ____________

【그림 10-4】

그림 10-4의 오른편 빈칸에 각 저항값을 저항계로 측정하여 기록하라. 또한 0~1kΩ 가변저항기의 가변 저항값을 최대로 맞추어라.

(b) 전압계의 전압 스케일을 높은 범위에 놓은 상태에서 전압 V_{ab} 값이 0에 가장 근접할 때까지 가변저항기를 변화시키면서 전압 V_{ab} 를 측정하라. 다음은 전압계의 전압 스케일을 가장 낮은 범위에 놓은 상태에서 전압 V_{ab} 값이 0에 가장 근접할 때까지 가변저항기를 변화시키면서 전압 V_{ab} 를 측정하라. 이제 브리지 회로가 평형 상태가 되었다.

(c) 전압 $V_{da}, V_{bd}, V_{ac}, V_{bc}$ 를 측정하라.

V_{da} = ____________________, V_{bd} = ____________________,

V_{ac} = ____________________, V_{bc} = ____________________

(d) 옴의 법칙을 사용하여 전류 I_1 과 I_2 를 계산하고, 이들 값을 이론값과 비교하라.

I_1 = ____________________, I_2 = ____________________

(e) 가변 저항기의 한쪽 단자를 제거한 상태에서 가변 저항값을 저항계로 측정하여 기록하라.

R_x = ____________________

(c)의 결과 값들과 옴의 법칙을 사용하여 전류 I_3 과 I_x 를 계산하고, 이들 값을 이론값과 비교하라.

I_3 = ____________________, I_x = ____________________

(f) 다음의 평형 조건이 성립하는지를 검증 하라.

$$\frac{R_1}{R_2} = \frac{R_3}{R_x}$$

나. △-Y 변환

(a) 그림 10-5와 같은 회로를 구성하라.

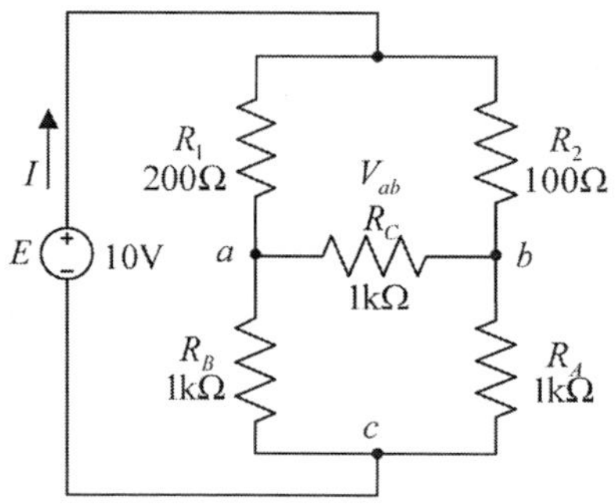

R_1(측정치) = ____________

R_2(측정치) = ____________

R_A(측정치) = ____________

R_B(측정치) = ____________

R_C(측정치) = ____________

【그림 10-5】

그림 10-5의 오른편 빈칸에 각 저항값을 저항계로 측정하여 기록하라.

(b) △-Y 변환 이외의 어떠한 회로해석기법(망로해석기법, 절점해석기법 등)을 이용하여 전류 I 와 전압 V_{ab} 를 계산하라.

I = ____________, V_{ab} = ____________

(c) 전류 I 와 전압 V_{ab}를 측정하라. 또한 이 값들을 (b)의 계산값들과 비교하라.

I = ____________________, V_{ab} = ____________________

(d) 그림 10-5의 하단 △ 부분에 연결된 세 개의 1kΩ 저항기의 저항값이 모두 정확히 1kΩ이라고 가정하고 등가 Y 변환하여 변환된 저항값들을 계산한 후 그림 10-6의 등가회로의 빈칸에 기록하라. 또한 등가 Y 변환된 저항의 측정값들을 각각 기록하라.

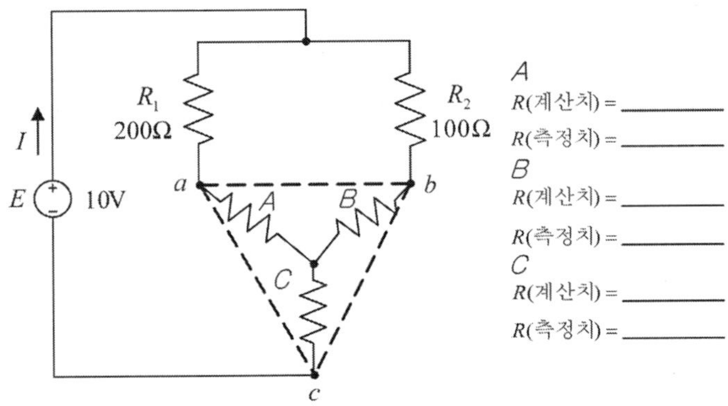

【그림 10-6】

(e) 그림 10-6의 회로를 구성하고 전류 I 와 전압 V_{ab} 를 측정하라.

I = __________________, V_{ab} = __________________

이들 값들이 (c)의 결과와 유사한 지를 기술하라. △-Y 변환 과정이 성립한다고 결론지을 수 있는지, 아니면 그 이유를 기술하라.

(f) (d)의 회로 (그림 10-6)에 대해서 측정 저항값들을 사용하여 입력 저항을 계산하라.

R_T (계산치) = __________________

(g) 전원 공급기를 제거한 후 (d)의 회로 (그림 10-6)에 대해서 DMM의 저항계 기능을 사용하여 입력 저항을 측정하라. 또한 그 결과를 (f)의 계산 결과와 비교하라.

R_T (측정치) = __________________

(h) (a)의 회로 (그림 10-5)에 대해서 $R_T = E/I$ 를 사용하여 입력 저항을 계산하라. 또한 그 결과를 (g)의 측정 결과와 비교하라.

R_T = ____________________

(i) (f)의 결과를 사용하여 전류 I 를 계산하라. 또한 그 결과를 (e)의 측정 결과와 비교하라.

I = ____________________

다. 컴퓨터 시뮬레이션

(a) △-Y 변환 기법의 응용에 대한 실험으로서 그림 10-5의 회로에서 측정된 저항 값들에 대하여, PSpice 또는 그 외의 적절한 프로그램 언어를 사용한 시뮬레이션을 수행하여 변환 전의 전류 I 와 전압 V_{ab} 를 구하여 표 10-1의 시뮬레이션 결과 란에 기록하라.

(b) 앞의 나(c)의 실험과정을 통해 측정된 전류 I_{R_1}, I_{R_3} 값을 표 10-1의 측정값 란에 기록하라.

【표 10-1】

변환 전 회로 파라미터	측정값	시뮬레이션 결과	오차(%)
I	[mA]	[mA]	
V_{ab}	[V]	[V]	

(c) 표 10-1로 정리된 나(c)의 실험결과와 다(a)의 시뮬레이션 결과가 일치하는지를 확인하고, 차이가 있다면 그 이유를 설명하라.

(d) 다음은 그림 10-5의 하단 △ 부분에 연결된 세 개의 1kΩ 저항기의 저항값이 모두 정확히 1kΩ이라고 가정하고 등가 Y 변환하여 변환된, 나(d)의 그림 10-6의 등가회로 내에 있는 저항값(계산치)에 대하여 PSpice 또는 그 외의 적절한 프로그램 언어를 사용한 시뮬레이션을 수행하여 Y 변환 후의 전류 I 와 전압 V_{ab}를 구하여 표 10-2의 시뮬레이션 결과 란에 기록하라.

(e) 앞의 나(e)의 실험과정을 통해 측정된 전류 I 와 전압 V_{ab} 값을 표 10-2의 측정값 란에 기록하라.

【표 10-2】

변환 후 회로 파라미터	측정값	시뮬레이션 결과	오차(%)
I	[mA]	[mA]	
V_{ab}	[V]	[V]	

(f) 표 10-1과 10-2의 값들로부터 △-Y 변환 과정이 성립한다고 결론지을 수 있는지, 아니면 그 이유를 기술하라.

실험 11 중첩의 정리 실험

1. 목 적

(1) 중첩의 정리를 이해하고 실험적으로 검증한다.
(2) 중첩의 정리가 전압과 전류를 구할 때 모두 응용될 수 있음을 공부한다.
(3) 중첩의 정리는 비선형 함수에는 적용될 수 없음을 확인한다.
(4) 중첩의 정리를 이용한 회로 해석을 위하여 컴퓨터 시뮬레이션을 적용하는 법을 익힌다.
(5) 컴퓨터 시뮬레이션에 의해 얻어진 결과와 실험치와의 비교 방법을 익힌다.

2. 관련 이론

중첩의 정리(Superposition Theorem)는 두 개 이상의 독립 전원을 포함하는 선형 회로내의 임의의 전압 또는 전류는 각 독립 전원에 의한 전압 또는 전류의 대수적 합과 같다고 정의될 수 있다. 이러한 중첩의 정리는 여러 개의 독립 전원이 존재하는 복잡한 선형회로망을 해석하는데 있어서 매우 중요한 역할을 한다. 중첩의 정리를 적용할 때, 해당전원을 제외한 나머지 독립전원들은 전압원인 경우에는 단락회로(Short Circuit)로 대체시키고, 전류원들은 개방회로(Open Circuit)로 대체시킨다. 이와 같은 중첩의 원리는 능동소자가 포함된 일반적인 선형회로에도 적용되나, 본 실험에서는 수동회로에의 응용에 국한시킨다.

또한 전류 또는 전압의 제곱의 함수로 표현되는 전력 등과 같은 파라미터 분석에는 중첩의 정리가 사용될 수 없음을 명심하여야 한다.

구체적인 예를 통해 선형 회로 내에서 중첩의 정리를 이용한 회로 해석 기법을 살펴본다. 그림 11-1(a)와 같이 하나의 독립 전압원과 하나의 독립전류원이 존재하는 회로에서 저항 R_3을 흐르는 전류 I_3을 중첩의 정리를 적용하여 구해본다.

먼저 그림 11-1(b)에서와 같이 전류원 I_3을 개방시킨 상태에서 R_3에 흐르는 전류 I_3' 구한다. 그림 11-1(b)의 회로는 한 개의 전압원을 갖는 직병렬 회로가 되고, 여기에 옴의 법칙과 키르히호프의 법칙을 적용하면 식 (11-1)과 같은 전류 I_3' 값이 얻어진다.

$$I_s' = \frac{V_S}{R_1 + [R_2 \| (R_3 + R_4)]} \frac{R_2}{R_2 + (R_3 + R_4)} \tag{11-1}$$

여기서

$$R_2 \| (R_3 + R_4) = \frac{R_2(R_3 + R_4)}{R_2 + (R_3 + R_4)} \tag{11-2}$$

다음으로 전류원 I 에 의한 전류성분을 구하기 위해서는 그림 11-1 (c)에서와 같이 전압원 E를 단락시켜서 한 개의 전류원을 갖는 직병렬 회로를 구성한 후, 옴의 법칙과 키르히호프의 법칙을 적용하여 식 (11-3)과 같이 I_3''를 구한다.

$$I_s'' = \frac{R_4}{[(R_1 \| R_2 + R_3)] + R_4} I \tag{11-3}$$

여기서,

$$R_1 \| R_2 = \frac{R_1 R_2}{R_1 + R_2}$$

이제 저항 R_3을 흐르는 전류 I_3을 중첩의 정리를 적용하면

$$I_s = I_s' - I_s'' \tag{11-4}$$

가 되므로 식 (11-1)과 (11-3)을 식 (11-4)에 대입하면 최종적으로 다음과 같은 결과가 얻어진다.

$$I_3 = \frac{E}{R_1 + [R_2 \| (R_3 + R_4)]} \frac{R_2}{R_2 + (R_3 + R_4)} - \frac{R_4}{[(R_1 \| R_2) + R_3] + R_4} I$$

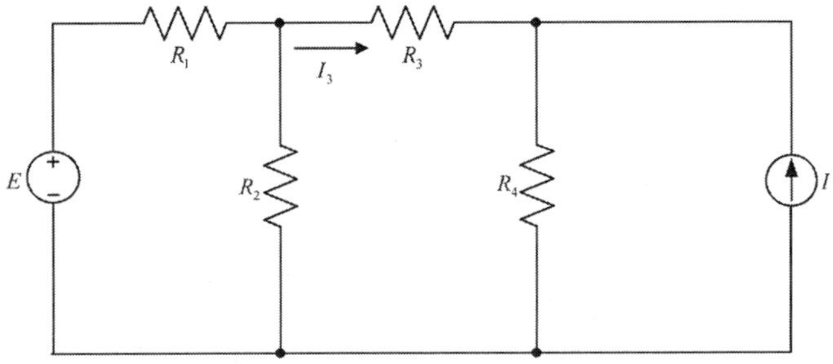

(a)

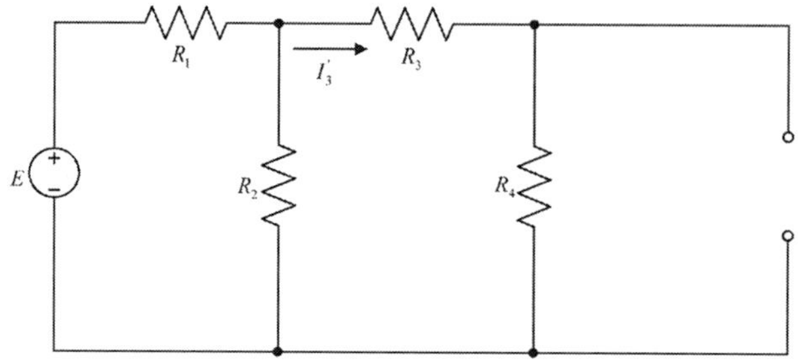

(b)

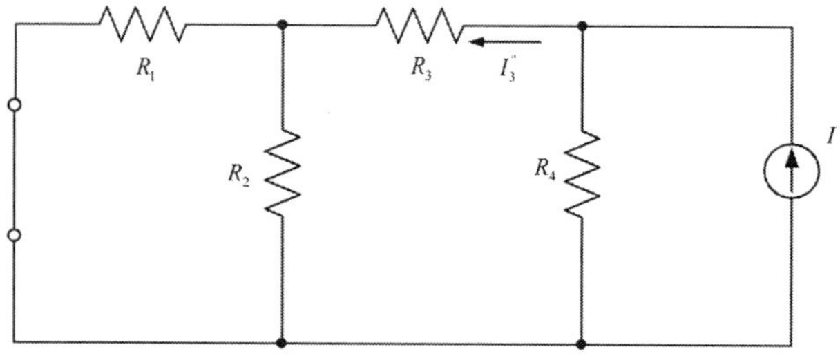

(c)

【그림 11-1】

또한 이번 장에서는 중첩의 원리 해석을 위하여 사용된 하드웨어 회로를 다시 구성하여 컴퓨터 해석을 수행한다.

3. 실험 예비 문제

실험명	중첩의 정리 실험								
학과		학년		학번		조		성명	
작성 일자		실 험 예정일				담당 교수		담당 조교	

(1) 식 (11-1) 과 식 (11-3)을 유도하라.

(2) 그림 11-2를 보고 아래의 문제를 답하여라.

(a) 그림 11-2의 회로에서, 주어진 전원들(I_1, I_2, E) 중 어떤 것이 전류 I에 가장 큰 영향을 미칠 것으로 예측되는지를 어떠한 경우에도 계산은 하지 말고 직관에 의해서 기술하라.

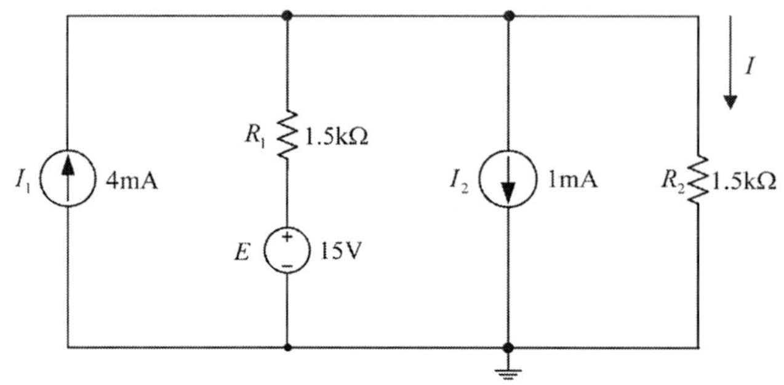

【그림 11-2】

(b) 중첩의 정리를 이용하여 I를 구하고, (a)에서의 결론과 일치하는지를 검토하라.

I = ____________________

(3) 그림 11-3의 회로에서, 중첩의 정리를 이용하여 전류 I를 구하라.

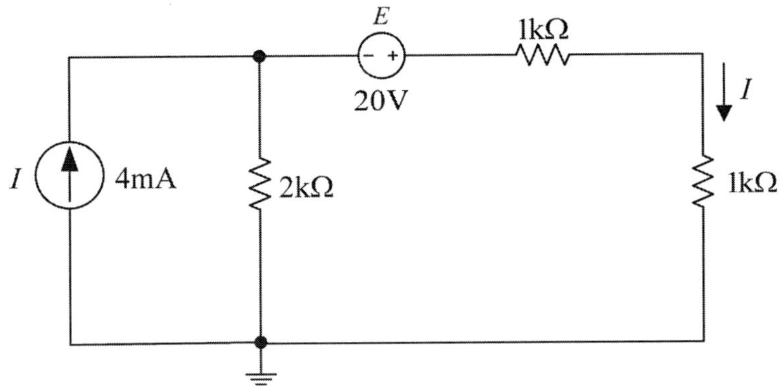

【그림 11-3】

I = ______________________

4. 실 험

실험명	중첩의 정리 실험								
학과		학년		학번		조		성명	
실험 일자			작성 일자			담당 교수		담당 조교	

(1) 사용기기 및 부품

측정계기 : 디지털 멀티미터(DMM) 1대
직류 전원 공급기 1대
(* 2채널 전원공급기가 아닌 경우에는 두 조를 합쳐서 실험 가능)

저 항 기 : 1kΩ, 2kΩ, 3kΩ, 5kΩ, 1/4W (탄소)
저항기 각 1개

컴퓨터시스템 및 소프트웨어 : PSpice (Windows)나 C++, QBASIC, PASCAL, FORTRAN 등 필요한 프로그램 언어를 사용할 수 있도록 준비된 컴퓨터 시스템

(2) 실험과정

가. 중첩의 정리 1 (미지 전류 결정)

본 실험에서는 그림 11-4의 회로 내의 두개의 전압원 E_1과 E_2를 각각 적용하여 I_1, I_2, I_3값을 구한 후 각 전압원에 의해서 얻어진 전류값들을 더해주는 과정을 통해 중첩의 정리를 검증한다.

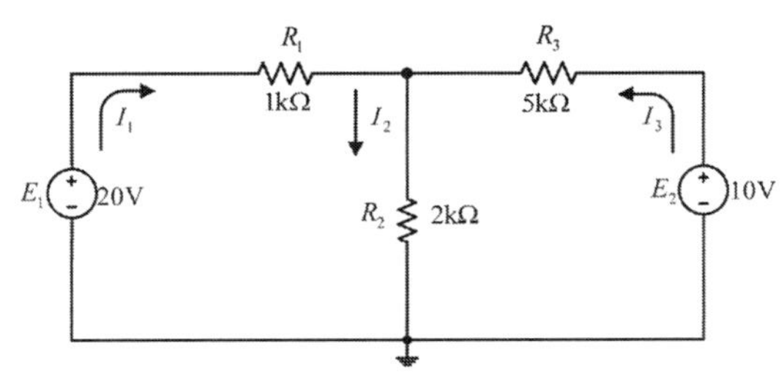

R_1(측정치) = ________
R_2(측정치) = ________
R_3(측정치) = ________

【그림 11-4】

(a) 전압원 E_1에 의한 전류 값 결정

(i) 그림 11-4로부터 전압원 E_2를 제거하여 단락시킨, 그림 11-5와 같은 회로를 구성하라.

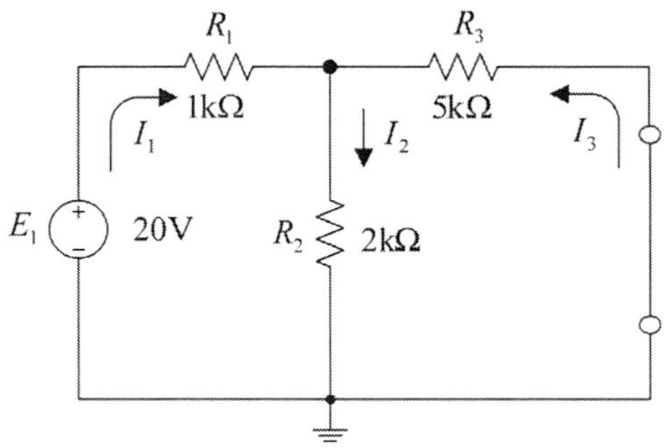

【그림 11-5】

(ii) 그림 11-5의 오른편의 빈칸에 각 저항값을 저항계로 측정하여 기록하라.

(iii) 측정 저항값들을 사용하여 I_1, I_2, I_3값을 계산하고 그 결과를 기록하라.

I_1 = ____________________, I_2 = ____________________,

I_3 = ____________________

(iv) 전원공급기 E_1의 전원을 켠 후, 전류 I_1, I_2, I_3값을 측정하고 그 결과를 기록하라.

I_1 = ____________________, I_2 = ____________________,

I_3 = ____________________

(v) 식 (11-5)를 이용하여 (iv)의 측정치들과 (iii)의 계산치들 사이의 오차를 계산하라.

$$\text{오차}(\%) = \left| \frac{\text{계산치} - \text{측정치}}{\text{계산치}} \right| \times 100\% \tag{11-5}$$

[I_1] 오차(%) = ____________________

[I_2] 오차(%) = ____________________

[I_3] 오차(%) = ____________________

(b) 전압원 E_2에 의한 전류값 결정

(i) 그림 11-4로부터 전압원 E_1을 제거하여 단락시킨, 그림 11-6과 같은 회로를 구성하라.

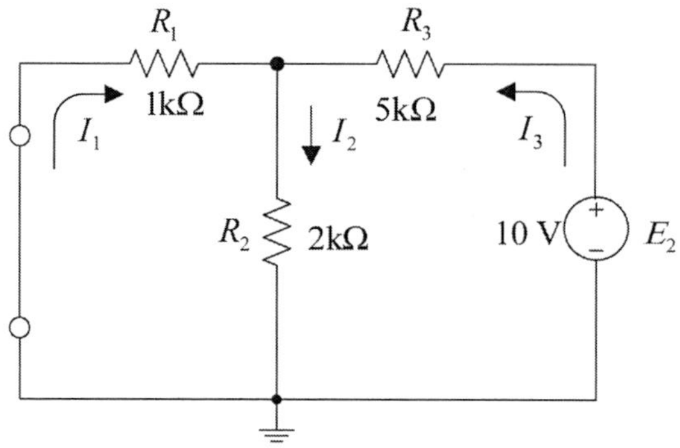

【그림 11-6】

(ii) 그림 11-6의 오른편의 빈칸에 각 저항값을 저항계로 측정하여 기록하라.

(iii) 측정 저항값들을 사용하여 I_1, I_2, I_3값을 계산하고 그 결과를 기록하라.

I_1 = ____________________, I_2 = ____________________,
I_3 = ____________________

(iv) 전원공급기 E_2의 전원을 켠 후, 전류 I_1, I_2, I_3값을 측정하고 그 결과를 기록하라.

I_1 = ____________________, I_2 = ____________________,
I_3 = ____________________

(v) 식 (11-5)을 이용하여 (iv)의 측정치들과 (iii)의 계산치들 사이의 오차를 계산하라.

[I_1] 오차(%) = ____________________,

[I_2] 오차(%) = ____________________,

[I_3] 오차(%) = ____________________

(c) 전압원 E_1과 E_2 모두에 의한 전체 전류값 결정

(i) 그림 11-4와 같은 회로를 구성하라.

(ii) 각 저항값을 저항계로 측정하여 기록하라.

(iii) (a)(iii) 부분과 (b)(iii) 부분에서 얻어진 전류값들을 각각 합하여 I_1, I_2, I_3 값을 계산하고 그 결과를 기록하라.

I_{1T} = ____________________, I_{2T} = ____________________,

I_{3T} = ____________________

(iv) 전원공급기 E_1과 E_2의 전원을 켠 후, 전류 I_1, I_2, I_3값을 측정하고 그 결과를 기록하라.

I_{1T} = ____________________, I_{2T} = ____________________,

I_{3T} = ____________________

(v) (iv)의 측정치들과 (iii)의 계산치들의 비교를 통하여 중첩의 정리가 성립하는지를 확인하라.

(d) 전력 계산

(i) (a)(iv)에서 얻어진 전류 I_1, I_2, I_3의 측정치를 이용하여 각 저항에서 소모되는 전력을 계산하고 그 결과를 기록하라.

P_1 = ________________, P_2 = ________________,
P_3 = ________________

(ii) (b)(iv)에서 얻어진 전류 I_1, I_2, I_3의 측정치를 이용하여 각 저항에서 소모되는 전력을 계산하고 그 결과를 기록하라.

P_1 = ________________, P_2 = ________________,
P_3 = ________________

(iii) 각 저항에서 소모된 전력에 대해서 앞의 (i)와 (ii)에서 구한 전력을 합한 결과를 계산하여 그 결과를 기록하라.

P_1 = ____________________, P_2 = ____________________,
P_3 = ____________________

(iv) (c)(iv)에서 얻어진 전류 I_1, I_2, I_3의 측정치를 이용하여 각 저항에서 소모되는 전력을 계산하고 그 결과를 기록하라.

P_1 = ____________________, P_2 = ____________________,
P_3 = ____________________

(v) (iv)의 전력값들과 (iii)의 전력값들의 비교를 통하여 중첩의 정리가 성립하는지를 확인하라. 또한 그 이유에 대해서도 설명하라.

나. 중첩의 정리 2 (미지 전압 결정)

본 실험에서는 그림 11-7의 회로 내의 두 개의 전압원 E_1과 E_2를 각각 적용하여 V_1, V_2, V_3값을 구한 후 각 전압원에 의해서 얻어진 전압값들을 더해주는 과정을 통해 중첩의 정리를 검증한다.

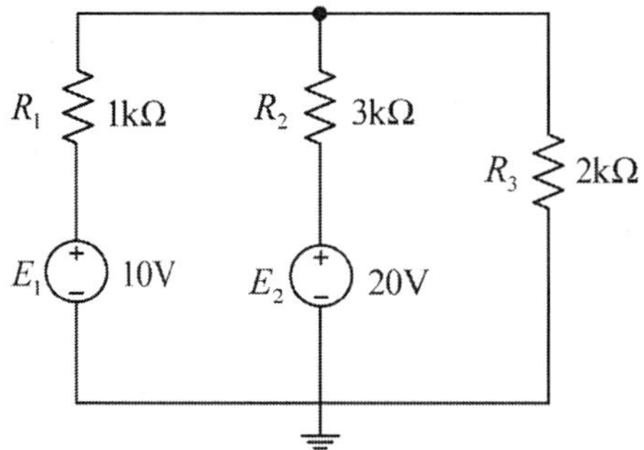

R_1(측정치) = ____________

R_2(측정치) = ____________

R_3(측정치) = ____________

【그림 11-7】

(a) 전압원 E_1에 의한 전압값 결정

(i) 그림 11-8로부터 전압원 E_2를 제거하여 단락시킨, 그림 11-8과 같은 회로를 구성하라.

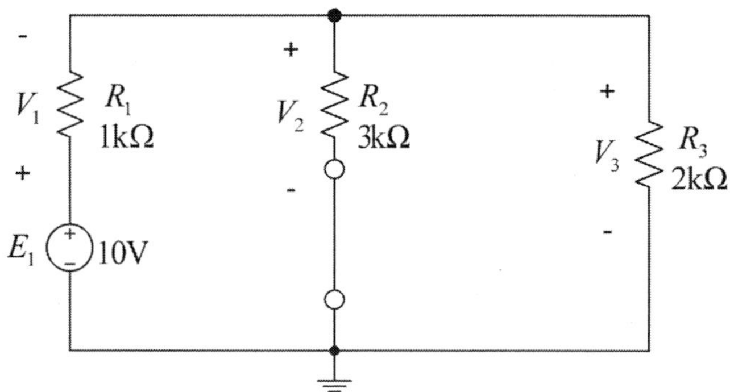

【그림 11-8】

(ii) 그림 11-8의 오른편의 빈칸에 각 저항값을 저항계로 측정하여 기록하라.

(iii) 측정 저항값들을 사용하여 V_1, V_2, V_3값을 계산하고 그 결과를 기록하라.

V_1 = ____________________

V_2 = ____________________

V_3 = ____________________

(iv) 전원공급기 E_1의 전원을 켠 후, 전압 V_1, V_2, V_3값을 측정하고 그 결과를 기록하라.

V_1 = ____________________

V_2 = ____________________

V_3 = ____________________

(v) 식 (11-5)을 이용하여 (iv)의 측정치들과 (iii)의 계산치들 사이의 오차를 계산하라.

[V_1] 오차(%) = ____________________

[V_2] 오차(%) = ____________________

[V_3] 오차(%) = ____________________

(b) 전압원 E_2에 의한 전압값 결정

(i) 그림 11-7로부터 전압원 E_1을 제거하여 단락시킨, 그림 11-9와 같은 회로를 구성하라.

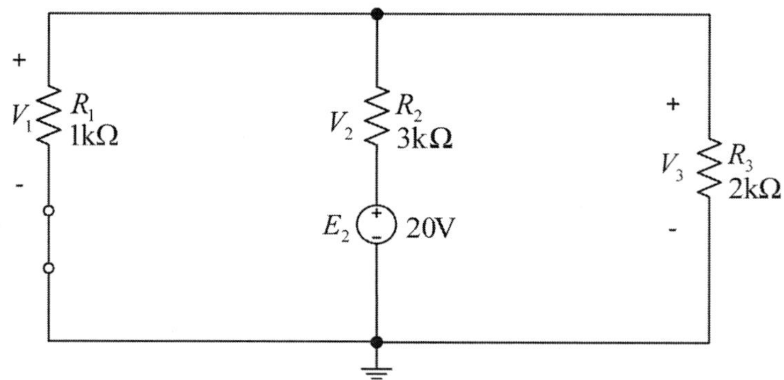

【그림 11-9】

(ii) 그림 11-9의 오른편의 빈칸에 각 저항값을 저항계로 측정하여 기록하라.

(iii) 측정 저항값들을 사용하여 V_1, V_2, V_3값을 계산하고 그 결과를 기록하라.

V_1 = ____________________ V_2 = ____________________

V_3 = ____________________

(iv) 전원공급기 E_2의 전원을 켠 후, 전압 V_1, V_2, V_3값을 측정하고 그 결과를 기록하라.

V_1 = ____________________ V_2 = ____________________

V_3 = ____________________

(v) 식 (11-5)을 이용하여 (iv)의 측정치들과 (iii)의 계산치들 사이의 오차를 계산하라.

[V_1] 오차(%) = ____________________

[V_2] 오차(%) = ____________________

[V_3] 오차(%) = ____________________

(c) 전압원 E_1과 E_2 모두에 의한 전체 전압값 결정

(i) 그림 11-7과 같은 회로를 구성하라.

(ii) 각 저항값을 저항계로 측정하여 기록하라.

(iii) (a)(iii) 부분과 (b)(iii) 부분에서 얻어진 전압값들을 각각 합하여 V_1, V_2, V_3값을 계산하고 그 결과를 기록하라.

V_{1T} = ____________________ V_{2T} = ____________________

V_{3T} = ____________________

(iv) 전원공급기 E_1과 E_2의 전원을 켠 후, 전압 V_1, V_2, V_3값을 측정하고 그 결과를 기록하라.

V_{1T} = ____________________ V_{2T} = ____________________

V_{3T} = ____________________

(v) (iv)의 측정치들과 (iii)의 계산치들의 비교를 통하여 중첩의 정리가 성립하는지를 확인하라.

다. 컴퓨터 시뮬레이션

(a) 중첩의 정리에 대한 실험으로서 그림 11-7의 회로에 주어진 저항값들은 그림 11-8과 그림 11-9를 위해 측정된 저항값들로 대치한 후, PSpice 또는 그 외의 적절한 프로그램 언어를 사용한 시뮬레이션을 수행하여 전압 V_1, V_2, V_3 값들을 구하여 표 11-1의 시뮬레이션 결과 란에 기록하라.

(b) 앞의 나(c)(iv)의 실험과정을 통해 측정된 전압 V_{1T}, V_{2T}, V_{3T} 값들을 표 11-1의 측정값 란에 기록하라.

【표 11-1】

전압	측정값 [V]	시뮬레이션 결과 [V]	오차(%)
$V_{1(T)}$			
$V_{2(T)}$			
$V_{3(T)}$			

(c) 표 11-1에 정리된 실험결과와 시뮬레이션 결과가 일치하는지를 확인하고, 차이가 있다면 그 이유를 설명하라.

실험 12

테브난의 정리와 최대 전력 전송 실험

1. 목 적

(1) 테브난의 정리를 이해하고 실험적으로 검증한다.

(2) 테브난의 등가전압과 등가저항을 실험적으로 구하는 방법을 익힌다.

(3) 부하에 전력이 최대로 전송되는 조건을 실험적으로 검증한다.

(4) 테브난의 정리를 이용한 회로 해석을 위하여 컴퓨터 시뮬레이션을 적용하는 법을 익힌다.

(5) 컴퓨터 시뮬레이션에 의해 얻어진 결과와 실험치와의 비교 방법을 익힌다.

2. 관련 이론

(1) 테브난의 정리

전압원과 전류원들이 포함되어 있는 그림 12-1(a)와 같은 암상자로 나타나 있는 복잡한 임의의 선형회로를 하나의 전압원(E_{Th})과 이에 직렬로 연결된 하나의 등가저항(R_{Th})으로 대체할 수 있다는 이론을 **테브난의 정리**(Thevenin's Theorem)라고 한다. 테브난의 정리를 이용하여 간략화한 등가회로를 테브난의 등가회로(Thevenin's Equivalent Circuit)라고 부르며 그림 12-1(b)과 같이 나타낼 수 있다. 이 등가회로를 외부 단자에서 들여다보면 12-1(a)와 동일한 특성을 갖는다. 즉, 외부 단자 양단의 전압, 전류, 그리고 총 저항이 동일하다는 의미이다. 외부 단자에서의 특성이 동일하다는 의미를 또 다르게 표현하면 V-I 특성이 같아진다는 의미이다.

여기서 전압원(E_{Th})은 암상자 외부의 두 단자를 개방한 상태에서 두 단자 사이에서 측정 또는 계산된 전압값이 된다. 또한 등가저항(R_{Th})은 암상자 내부의 전원들이 모두 독립전원들로 구성되어 있을 경우에는 암상자 내부의 모든 독립전원을 제거(전압원은 단락, 전류원은 개방)한 상태에서 외부 단자를 개방 시킨 후 두 단자 사이에서 들여다 본 저항을 계산하거나 또는 외부의 두 단자 사이에 저항계를 연결하여 측정한 저항값이 된다. 암상자 내부에 종속전원이 포함되어 있을 경우에는 다른 방법을 통해서도 등가저항을 구할 수 있다.

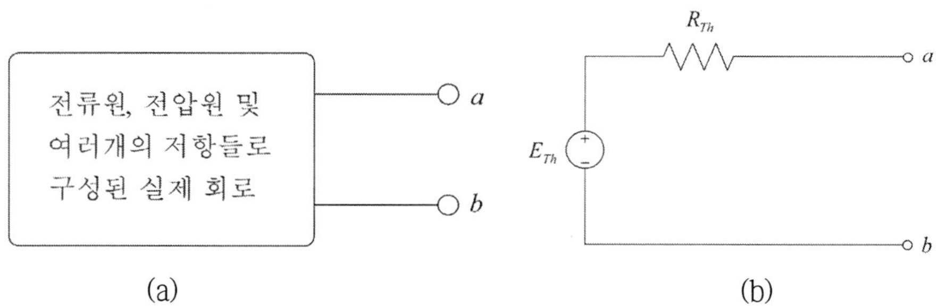

【그림 12-1】

이제 테브난의 정리를 이용한 회로 해석의 예를 들어본다. 여기서는 그림 12-2의 회로에 테브난의 정리를 적용하여 단자 a, b에서 들여다본 테브난의 등가전압과 등가저항을 구하는 법을 살펴본다.

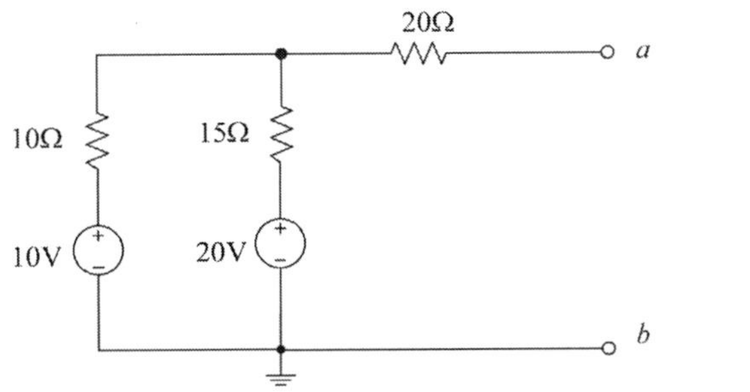

【그림 12-2】

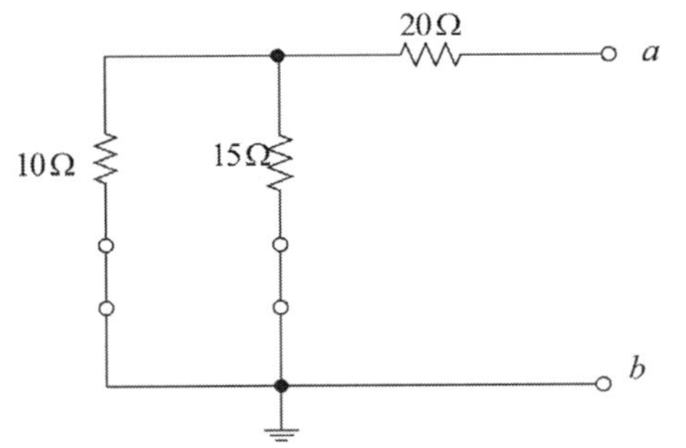

(a)

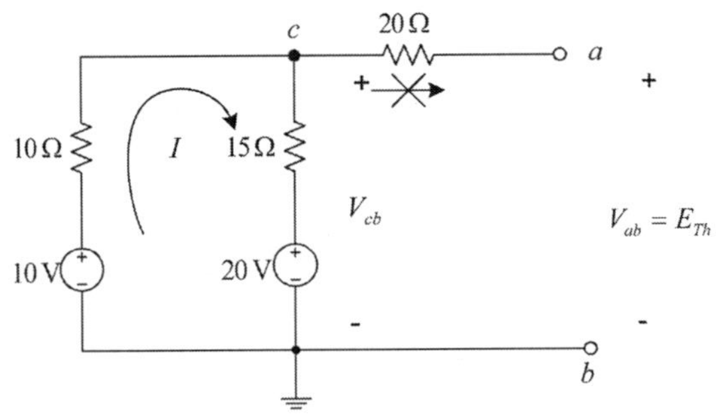

(b)

【그림 12-3】

먼저 등가저항 R_{Th}를 구하는 방법은 암상자내부의 모든 독립전원을 제거한 후 암상자 내부를 들여다 본 등가저항을 사용하도록 한다. 즉, 그림 12-3(a)에서와 같이 모든 독립 전압원들을 제거(단락시킴)한 상태에서 단자 a, b쪽에서 들여다 본 등가저항은 다음과 같이 얻어진다.

$$\begin{aligned} R_{Th} &= 20+(10\|15) = 20+\frac{10\times 5}{10+15} \\ &= 26\Omega \end{aligned}$$

이제 앞에서 설명한 것과 같이 테브난의 등가전압 E_{Th}는 그림 12-3(b)에서와 같이 단자 a, b를 개방(open)한 상태에서의 V_{ab} 를 구하면 된다. 단자 a, b가 개방되어 있으므로 전류는 I는 15Ω 과 10Ω 저항을 포함하는 메쉬를 통하여 순환한다. 따라서

$$I = \frac{-20+10}{15+10} = -0.4\text{A}$$

가 되고, 테브난 등가전압 E_{Th} 는

$$E_{Th} = V_{ab} = V_{cb} = -0.4\times 15+20 = 14 \text{ V}$$

가 얻어진다.

그림 12-4는 본 예제에서 사용된 회로의 테브난의 등가회로를 보여준다.

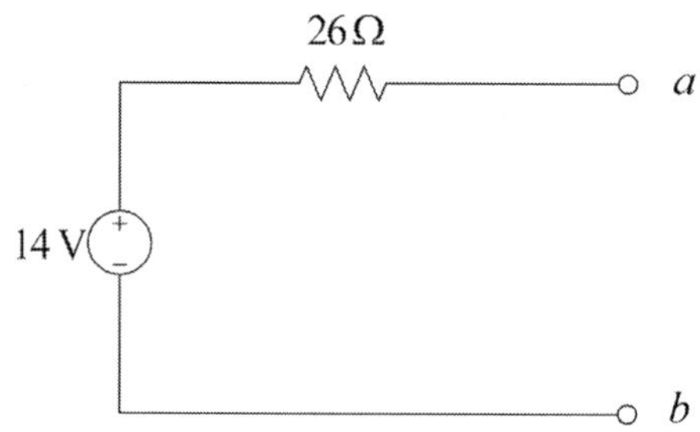

【그림 12-4】

(2) 최대 전력 전송

때로는 특정 회로망으로부터 그 외부 단자에 연결된 부하 R_L에 최대 전력이 공급해야 할 경우가 있다. **최대 전력 전송 정리**(Maximum Power Transfer Theorem)

란, 특정 회로망이 선형이고 앞에서 배운 테브난의 등가회로로 대치 가능하다고 할 때 회로망 외부에 연결된 부하저항값이 회로망내의 테브난 등가저항값과 같아질 때 (즉, $R_L = R_{Th}$) 부하 R_L에 최대전력이 공급된다는 정리이다.

이를 구체적으로 설명하기 위하여 그림 12-5와 같이 테브난의 등가회로로 대치된 회로망에 부하저항 R_L이 연결된 회로를 고려한다. 이때 부하저항에 흐르는 전류 I_L는 $E_{Th}/(R_{Th}+R_L)$이 되므로 부하저항에서 소모되는 전력은

$$P_L = I_L^2 R_L = \frac{E_{Th}^2 R_L}{(R_{Th}+R_L)^2} = \frac{E_{Th}^2}{4R_{Th}}[1-(\frac{R_{Th}-R_L}{R_{Th}+R_L})^2] \qquad (12\text{-}1)$$

이 됨을 알 수 있다.

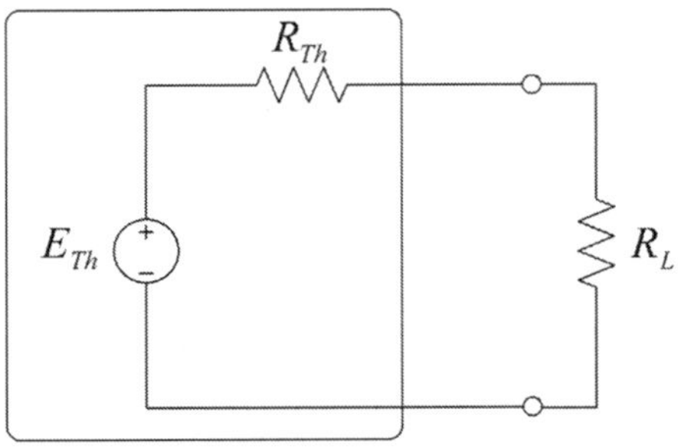

【그림 12-5】

식 (12-1)로 부터 $R_L = R_{Th}$ 이 되면 전력 P_L 은 최대가 되고, 이 최대전력 값은 식 (12-2)와 같이 된다.

$$P_{L_{\max}} = \frac{E_{Th}^2}{4R_{Th}} \qquad (12\text{-}2)$$

최대전력이 전송되는 경우에는 $R_L = R_{Th}$ 이 되므로, 전원으로 부터 부하로의 전송효율은 50%가 됨에 유의한다.

이제 최대전력 전송을 위한 예를 들어 본다. 이를 위해서 앞의 테브난의 등가회로 해석을 위한 예에서 사용된 그림 12-2의 회로를 고려한다. 이 회로의 외부 단자 a, b쪽에 부하 R_L 을 연결 하였을때 이 부하저항에 최대전력이 공급되기 위한 부하저항값과 이때 공급되는 최대전력 값을 구한다. 그림 12-4에서와 같이 그림 12-2의 회로 단자 a, b왼쪽의 회로망에 대한 테브난의 등가전압과 등가저항은 각각 $E_{Th} = 14V$, $R_{Th} =\ 26\Omega$ 이 되므로, 단자 a, b에 연결된 부하 R_L 에 최대전력이 공급되기 위해서는 $R_L = R_{Th} =\ 26\Omega$이 되어야 한다. 또한 이때 부하에 공급되는 전력 값은 최대가 되며 이 값은 식 (12-2)로 부터 $E_{Th}^2/(4R_{Th}) = 196/104 = 1.89\text{W}$ 가 된다.

아울러 이번 장에서는 테브난의 정리 및 최대전력전송의 원리 해석을 위하여 사용된 하드웨어 회로를 다시 구성하여 컴퓨터 해석을 수행한다.

3. 실험 예비 문제

실험명	테브난의 정리와 최대 전력 전송 실험								
학과		학년		학번		조		성명	
작성 일자			실 험 예정일			담당 교수		담당 조교	

(1) 그림 12-6의 회로에 대해 2kΩ 부하가 연결된 단자 a, b에서 들여다 본 테브난의 등가회로를 구하라. 즉, E_{Th}와 R_{Th}값을 구하라.

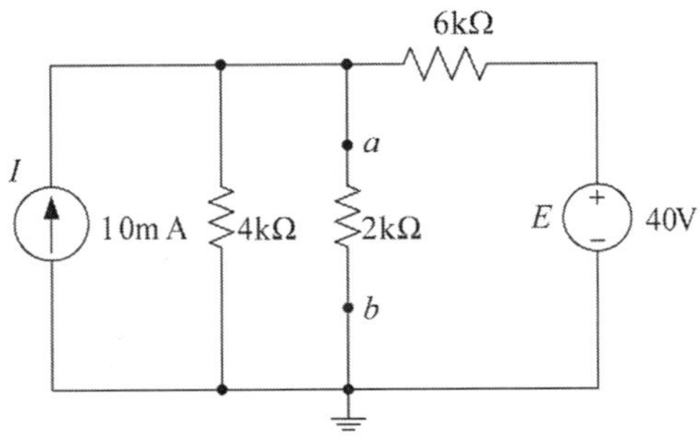

【그림 12-6】

E_{Th} = ____________________ , R_{Th} = ____________________

(2) (1)에서 구한 테브난의 등가회로를 이용하여 2kΩ 부하에 공급된 전력을 구하라.

(3) (2)에서 구한 전력이 단자 a, b에 연결된 부하에 공급된 최대 전력인가? 최대 전력이 공급되는 것이 아니라면 어떠한 조건에서 최대 전력이 공급되며, 공급 가능한 최대 전력은 얼마가 되는가?

4. 실 험

실험명	테브난의 정리와 최대 전력 전송 실험								
학과		학년		학번		조		성명	
실험 일자			작성 일자			담당 교수		담당 조교	

*** 상황에 따라 실험을 2주로 나누어서 진행 가능.**

(1) 사용기기 및 부품

측정계기 : 디지털 멀티미터(DMM) 1대
직류 전원 공급기 1대

저 항 기 : 100Ω, 200Ω, 300Ω, 500Ω, 1kΩ, 2kΩ, 3kΩ, 1/4W (탄소) 저항기 각 1개

가변저항기 : 0~1kΩ, 0~5kΩ 각 1개

컴퓨터시스템 및 소프트웨어 : PSpice (Windows)나 C++, QBASIC, PASCAL, FORTRAN 등 필요한 프로그램 언어를 사용할 수 있도록 준비된 컴퓨터 시스템

(2) 실험과정

가. 테브난의 정리

(a) 계산에 의한 테브난 등가회로 결정

(i) 그림 12-7과 같은 회로를 구성하라.

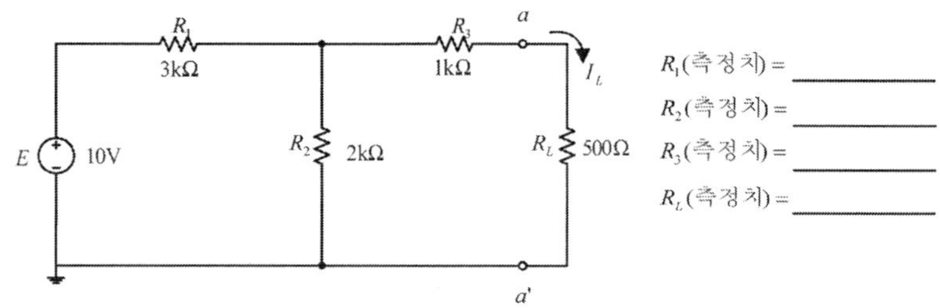

【그림 12-7】

(ii) 그림 12-7의 오른편 빈칸에 각 저항값을 저항계로 측정하여 기록하라.

(iii) 측정 저항값들을 사용하여 단자 a, a'의 왼쪽 회로망에 대한 테브난의 등가전압과 등가저항을 계산하고 그 결과를 기록하라.

E_{Th} = ____________________ , R_{Th} = ____________________

(iv) (iii)에서 구한 E_{Th}와 R_{Th} 값을 그림 12-8에 삽입하여, 부하 전류 I_L을 계산하라.

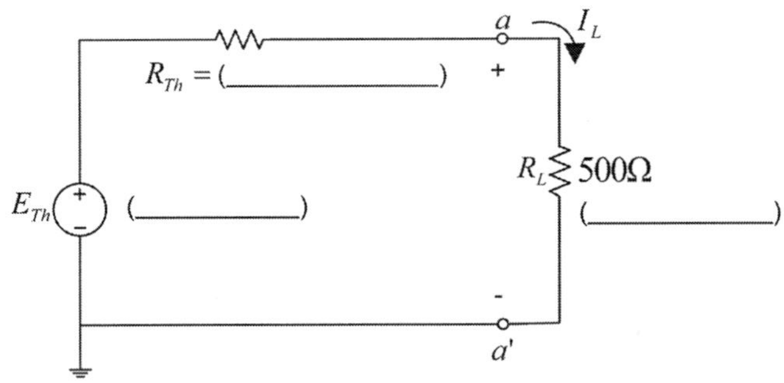

【그림 12-8】

I_L = ____________________

(v) 원래의 그림 12-7 회로에서, 측정 저항값들을 사용하여 I_L 을 계산하라 (키르히호프의 법칙, 전류분배법칙 등의 직병렬 회로해석 기법 사용).

I_L = ____________________

(vi) (iv)에서 구한 I_L의 결과값과 (v)에서 구한 I_L의 결과값을 비교하라.

(b) 측정에 의한 테브난 등가회로 결정

(i) 그림 12-7의 회로에서 10V 전원 공급기의 전원을 켜고 전압 V_L을 측정하라. R_L 과 V_L의 측정치를 사용하여 전류 I_L을 계산하라.

V_L(측정치)= ______________ ,

I_L(R_L과 V_L의 측정치를 사용)= __________________

(ii) (a)(iv)와 (a)(v)에서 계산된 I_L과 (b)(i)에서 측정된 I_L을 비교하라.

(iii) 그림 12-9의 회로를 구성하고, R_L을 제거한 상태에서 단자 a, a'사이의 저항을 측정하라.

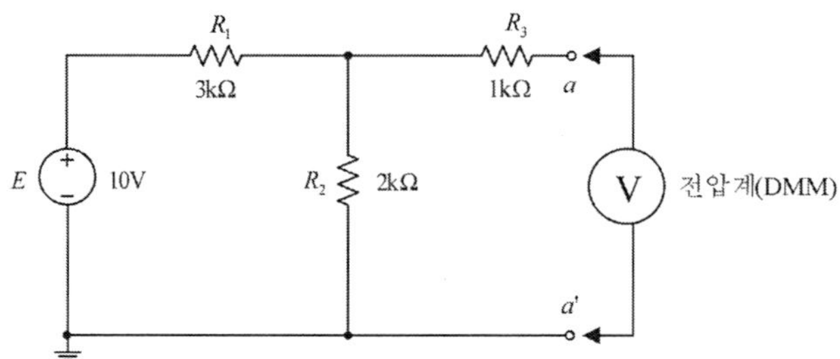

【그림 12-9】

R_{Th} = ____________________

(iv) 그림 12-10의 회로를 구성하고, R_L을 제거한 상태에서 단자 a, a'사이의 개방 전압을 측정하라.

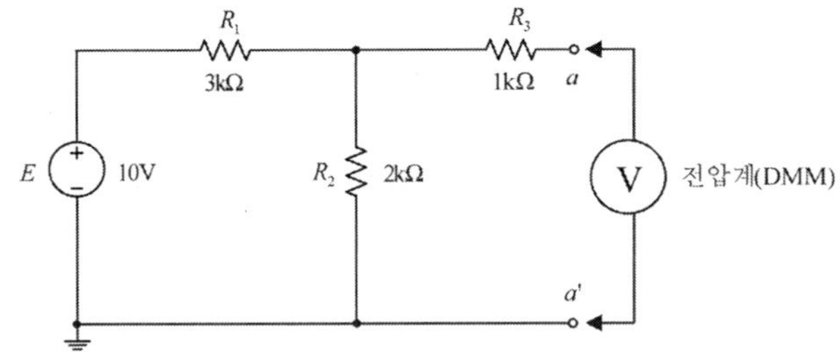

【그림 12-10】

E_{Th} = ____________________

(v) (b)(iii)와 (b)(iv)에서 측정된 R_{Th}와 E_{Th}값을 사용하여 그림 12-11의 회로를 구성하고, 전압 V_L을 측정하라. R_L 과 V_L의 측정치를 사용하여 전류 I_L을 계산하라.

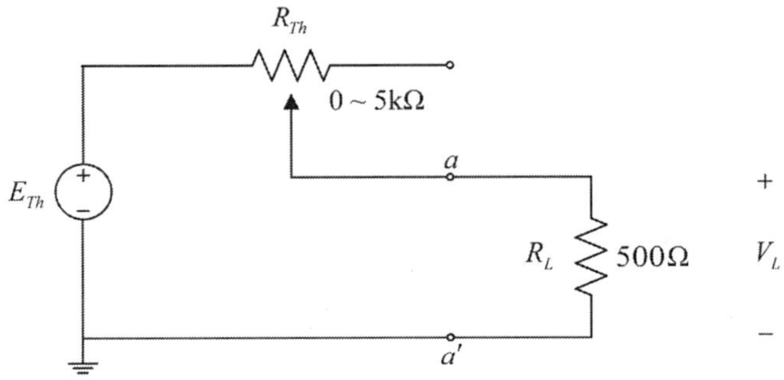

【그림 12-11】

V_L(측정치)= ________________ ,

I_L(R_L과 V_L의 측정치를 사용)= ________________

(vi) (a)(iv)에서 계산된 I_L과 (b)(v)에서 얻어진 I_L을 비교하라.

(vii) 식 (12-3)을 이용하여 (a)(iii)에서 얻어진 R_{Th}와 E_{Th}의 계산치와 (b)(iii)과 (b)(iv)에서 얻어진 R_{Th}와 E_{Th}의 측정치 사이의 오차를 각각 계산하라.

$$\text{오차}(\%) = \left| \frac{\text{측정치} - \text{계산치}}{\text{측정치}} \right| \times 100\% \qquad (12\text{-}3)$$

$[R_{TH}]$ 오차(%) = ________________

$[E_{TH}]$ 오차(%) = ________________

(viii) (a)(iii), (b)(iii), (b)(vii)에서 얻어진 결과들을 종합하여 분석함으로써 테브난의 정리가 성립하는지를 밝혀라.

나. 최대 전력 전송

(a) R_L = R_{Th} 조건의 검증

(i) 그림 12-12과 같은 회로를 구성하라.

그림 12-12의 오른편 빈칸에 R_1값을 저항계로 측정하여 기록하라.

가변저항기를 사용한 부하저항 R_L을 50Ω, 100Ω, 200Ω, 300Ω, 330Ω, 400Ω, 600Ω, 800Ω, 1000Ω으로 변화시키면서 R_L양단의 전압 V_L을 측정하여 표 12-1에 기록하라.

각각의 R_L값과 이에 대응하는 전압 V_L값을 이용하여 전력 P_L을 계산(= V_L^2/R_L)하여 표 12-1에 기록하라.

R_L값 변화에 따른 전력 P_L값을 그래프 12-1에 그려라.

(주의 1 : 가변저항값을 변화시킬 때, DMM의 저항계 기능을 사용하여 각 저항값을 측정하여 설정한 후, 측정 저항값에 대한 전압을 측정한다.

주의 2 : 저항값 설정 시, 전원 공급기의 전원은 반드시 꺼야 하며 가변저항기의 한쪽 단자는 분리하여야 한다.)

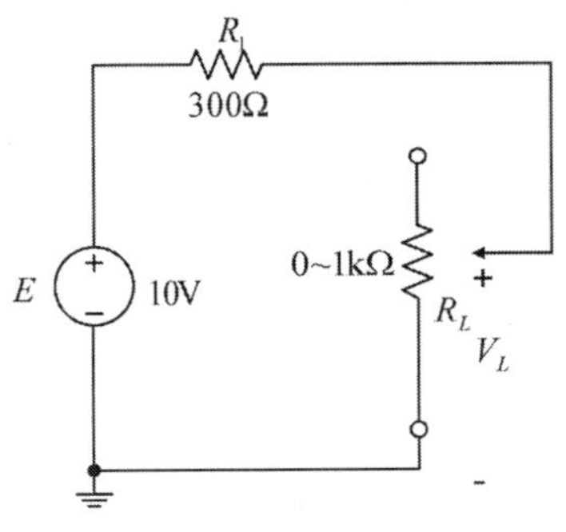

R_1(측정치) = ________

【그림 12-12】

【표 12-1】

R_L	V_L [V]	$P = \frac{V_L^2}{R_L}$[mW]
0Ω	0 V	0 mW
50Ω		
100Ω		
200Ω		
300Ω		
R_1(측정치) = ______		
400Ω		
600Ω		
800Ω		
1000Ω		

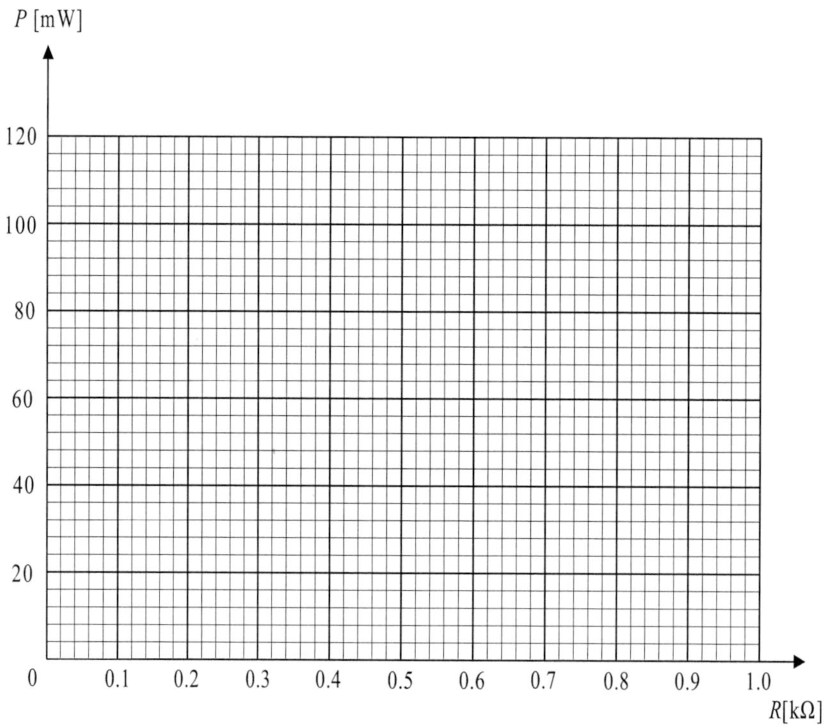

【그래프 12-1】

(ii) 그림 12-12의 회로에서 R_L에 최대전력을 공급하기 위한 부하저항값 R_L은 이론적으로 얼마가 되어야 하는가?

R_L = ____________________

R_L에 최대전력을 공급하기 위한 부하저항값 R_L을 그래프 12-1로부터 구하면 얼마가 되어야 하는가?

R_L = ____________________

R_L의 이론치와 측정치를 비교하라.

(iii) 최대전력전송 조건하에서, 부하전압 V_L과 전원전압 E사이에는 어떠한 관계가 있는지를 그 이유와 함께 기술하라.

위의 결론을 바탕으로, 부하저항 R_L에 최대전력을 전송하기 위한 V_L값을 구하라.

V_L = ____________________

(iv) 그래프 12-1에서 얻어진 최대전력전송을 위한 부하저항 R_L 값으로 가변저항값을 고정하고 이 가변저항 양단의 전압을 측정하라.

V_L = ____________________

이 측정 결과값과 (iii)에서 예측된 이론값을 비교하라.

(b) 실험적 검증

(i) 그림 12-13과 같은 회로를 구성하라.

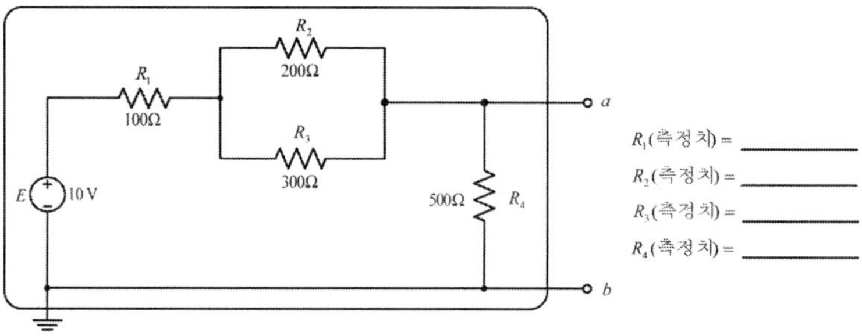

【그림 12-13】

그림 12-13의 오른편 빈칸에 각 저항값을 저항계로 측정하여 기록하라.

(ii) 그림 12-13의 회로의 단자 a, b의 왼쪽에 있는 점선으로 표시된 내부의 회로에 대한 테브난 등가회로를 구하되, 회로를 분해하지 않은 상태로 수행한다. 이때 모든 측정은 단자 a, b에서 이루어진다.

E_{Th}의 결정 :

전원 공급기의 전원을 켜고 개방회로 전압 V_{ab}를 측정하여 E_{Th}를 구하라.

E_{Th} = V_{ab} = ____________________

R_{Th}**의 결정** :

그림 12-13의 회로의 단자 a, b에 그림 12-14와 같은 0~1kΩ 가변저항기를 연결하라.

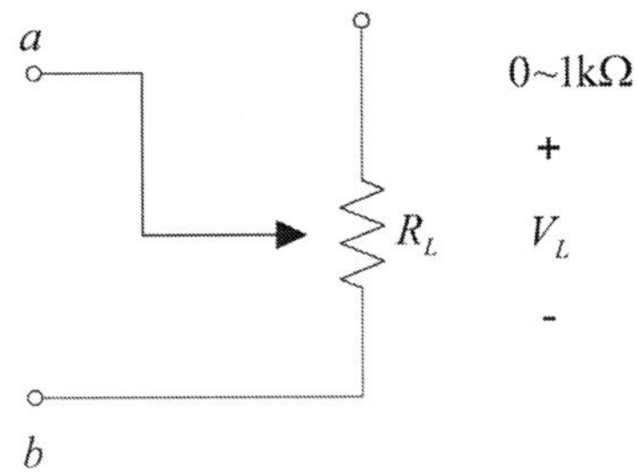

【그림 12-14】

전원 공급기의 전원을 켜고 가변저항값을 조절하여 V_L값이 $E_{Th}/2$가 되도록 하라. 즉, $V_L = E_{Th}/2$ 은 $R_L = R_{Th}$가 될 때 얻어지는 조건이다.

다음은 전원 공급기의 전원을 끄고 가변저항기를 회로에서 제거하라. 그리고 회로의 단자 a, b에서 저항값을 측정하여 기록하면 이 값이 R_{Th} 가 된다.

R_{Th} = R_L = ____________________

(iii) 측정을 통해 얻어진 테브난 등가회로를 검증하기 위하여, 그림 12-13의 회로의 단자 a, b왼쪽의 회로에 대한 E_{Th}와 R_{Th}를 이론적으로 구하라. 이때 저항값들은 측정치를 사용하라.

E_{Th} = ____________________ , R_{Th} = ____________________

이 이론치들과 (ii)에서의 측정치들을 비교하라.

(iv) 부하에 최대전력전송을 위한 조건들이 $R_L = R_{Th}$ 및 $V_L = E_{Th}/2$ 라는 사실을 다시 한번 검증하기 위하여, R_L값 변화에 따른 전압 V_L값과 전력 P_L값의 그래프를 구하는 실험을 다음의 과정을 거쳐 수행한다.

그림 12-14와 같이 단자 a, b에 0~1kΩ 가변저항기가 연결된 회로에서, 표 12-2의 R_L에 있는 모든 부하 저항값에 대해서 전압 V_L을 측정하고 전력 P_L을 계산($= V_L{}^2 / R_L$)하여 표 12-2의 빈칸에 기록하라.

【표 12-2】

R_L	V_L (측정치) [V]	$P_L = \frac{V_L^2}{R_L}$[mW] (계산치)
0Ω	0 V	0 mW
50Ω		
100Ω		
200Ω		
300Ω		
350Ω		
400Ω		
600Ω		
800Ω		
1000Ω		

마지막으로 표 12-2의 결과 값을 이용하여 R_L값 변화에 따른 전압 V_L값과 전력 P_L값의 그래프를 그래프 12-2와 그래프 12-3에 각각 그려라.

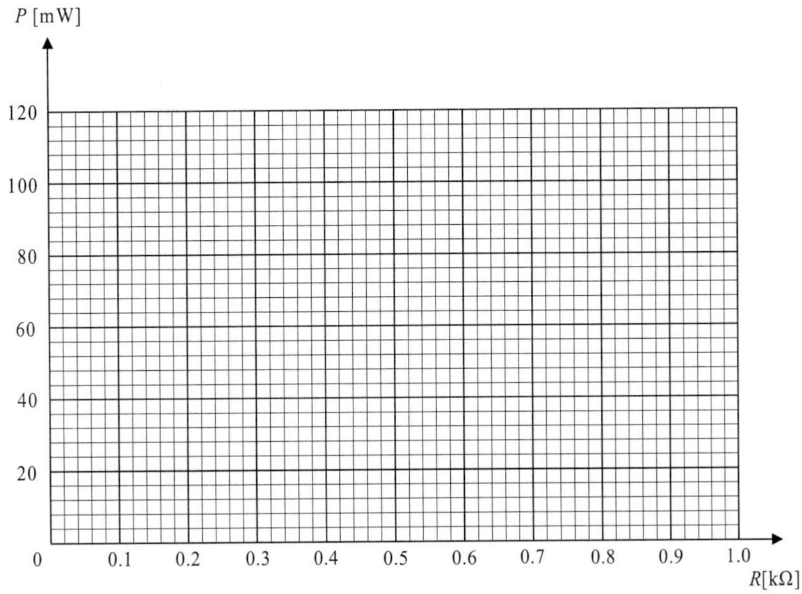

【그래프 12-2】

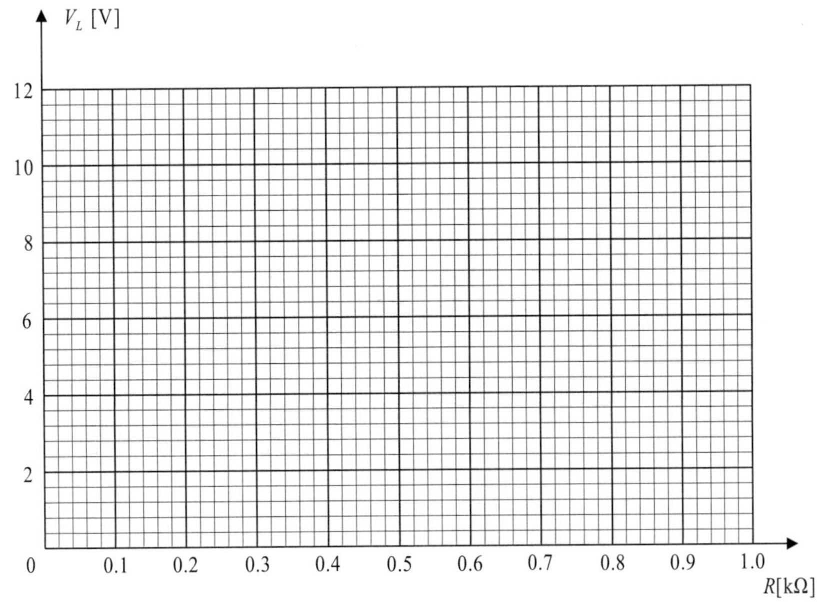

【그래프 12-3】

그래프 12-2는 R_L=R_{Th} 일 때 부하에 최대전력이 전송되는 사실을 보이고 있는가? 이들 결과로부터 어떠한 결론을 내릴 수 있는가?

그래프 12-3은 $R_L = R_{Th}$ 일 때 $V_L = E_{Th}/2$ 라는 사실을 보이고 있는가? 이들 결과로부터 어떠한 결론을 내릴 수 있는가?

다. 컴퓨터 시뮬레이션

(a) 테브난의 정리에 대한 실험으로서 그림 12-7의 회로를 위해 측정된 저항값들을 이용하여, PSpice 또는 그 외의 적절한 프로그램 언어를 사용한 시뮬레이션을 수행하여 부하저항 R_L 양단의 전압 V_L과 R_L 을 통해 흐르는 전류 I_L을 구하여 표 12-3의 시뮬레이션 결과 란에 기록하라.

(b) 앞의 가(b)(v)의 실험을 통해 얻어진 V_L과 I_L 들을 표 12-3의 측정값 란에 기록하라.

【표 12-3】

테브난 등가	측정값	시뮬레이션 결과	오차(%)
V_L	[V]	[V]	
I_L	[mA]	[mA]	

(c) 표 12-3에 정리된 실험결과와 시뮬레이션 결과가 일치하는지를 확인하고, 차이가 있다면 그 이유를 설명하라.

실험 13

노턴의 정리와 전원 변환 실험

1. 목 적

(1) 노턴의 정리를 이해하고 실험적으로 검증한다.

(2) 노턴의 등가전류와 등가저항을 실험적으로 구하는 방법을 익힌다.

(3) 전류원과 전압원이 동일한 특성을 가지도록 서로 변환시킬 수 있음을 실험적으로 익힌다.

(4) 노턴의 정리를 이용한 회로 해석을 위하여 컴퓨터 시뮬레이션을 적용하는 법을 익힌다.

(5) 컴퓨터 시뮬레이션에 의해 얻어진 결과와 실험치와의 비교 방법을 익힌다.

2. 관련 이론

(1) 노턴의 정리

전압원과 전류원들이 포함되어 있는 그림 13-1(a)와 같은 암상자로 나타나 있는 복잡한 임의의 선형회로를 하나의 전류원(I_N)과 이에 병렬로 연결된 하나의 등가

저항(R_{Th})으로 대체할 수 있다는 이론을 **노턴의 정리**(Norton's Theorem)라고 한다. 노턴의 정리를 이용하여 간략화한 등가회로를 노턴의 등가회로(Norton's Equivalent Circuit)라고 부르며 그림 13-1(b)과 같이 나타낼 수 있다. 이 등가회로를 외부 단자에서 들여다보면 13-1(a)와 동일한 특성을 갖는다. 즉, 외부 단자 양단의 전압, 전류, 그리고 총 저항이 동일하다는 의미이다. 외부 단자에서의 특성이 동일하다는 의미를 또 다르게 표현하면 *V-I* 특성이 같아진다는 의미이다.

여기서 전류원(I_N)은 암상자 외부의 두 단자를 단락한 상태에서 두 단자 사이에서 측정 또는 계산된 전류값이 된다. 또한 등가저항(R_{Th})은 테브난의 정리에서와 동일하게 정의되고 구할 수 있다. 즉, 노턴의 등가저항은 암상자 내부의 전원들이 모두 독립전원들로 구성되어 있을 경우에는 암상자 내부의 모든 독립전원을 제거(전압원은 단락, 전류원은 개방)한 상태에서 외부 단자를 개방 시킨 후 두 단자 사이에서 들여다 본 저항을 계산하거나 또는 외부의 두 단자 사이에 저항계를 연결하여 측정한 저항값이 된다. 암상자 내부에 종속전원이 포함되어 있을 경우에는 다른 방법을 통해서도 등가저항을 구할 수 있다.

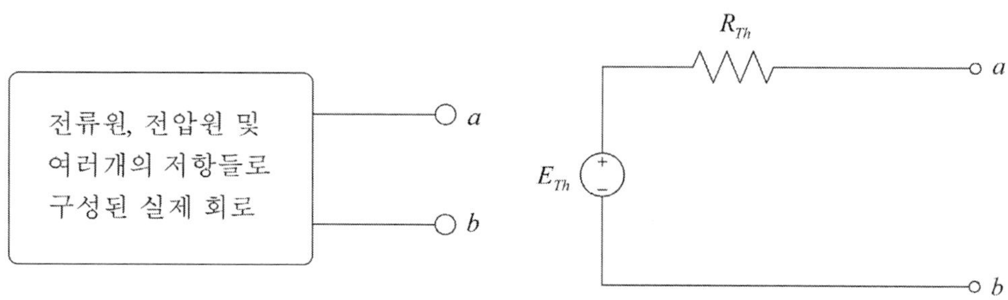

(a) (b)

【그림 13-1】

이제 노턴의 정리를 이용한 회로 해석의 예를 들어본다. 여기서는 제 12 장의 테브난의 정리의 관련 이론에서 다루어진 것과 그림 12-2와 같은 다음의 그림 13-2의 회로에 노턴의 정리를 적용하여 단자 a, b에서 들여다본 노턴의 등가전압과 등가저항을 구하는 법을 살펴본다.

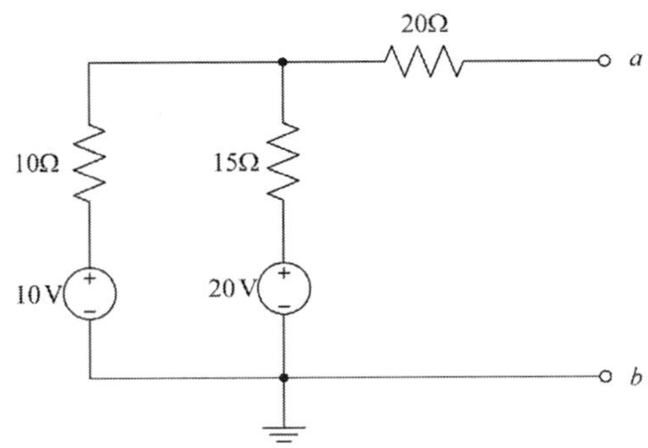

【그림 13-2】

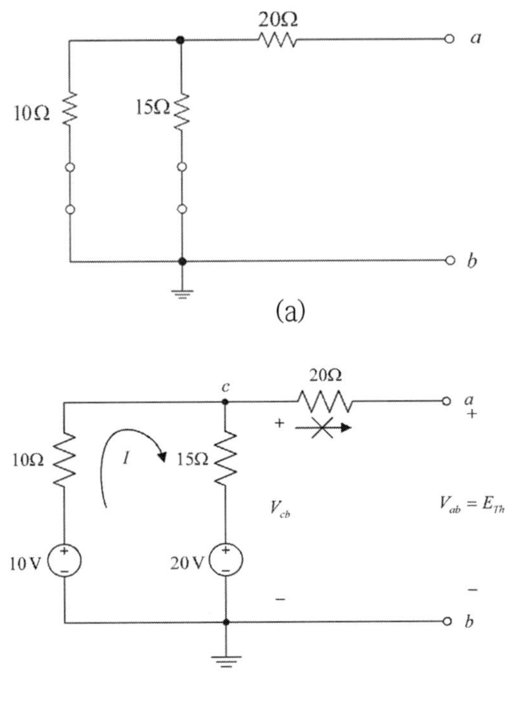

(b)

【그림 13-3】

먼저 등가저항 R_{Th}를 구하는 방법은 암상자내부의 모든 독립전원을 제거한 후 암상자 내부를 들여다 본 등가저항을 사용하도록 한다. 즉, 그림 13-3(a)에서와 같이 모든 독립 전압원들을 제거(단락시킴)한 상태에서 단자 a, b 쪽에서 들여다 본 등가저항은 다음과 같이 얻어진다.

$$R_{Th} = 20 + (10 \| 15) = 20 + \frac{10 \times 5}{10 + 15}$$
$$= 26\Omega$$

이제 앞에서 설명한 것과 같이 노턴의 등가전류 I_N는 그림 13-3(b)에서와 같이 단자 a, b를 단락(short)시킨 상태에서의 I_{ab} 를 구하면 된다. 단자 a, b가 단락되어 있으므로 전류 I는 15Ω 과 10Ω 저항을 포함하는 망로를 통하여 순환한다. 따라서

$$I = \frac{-20 + 10 + 15I_{ab}}{15 + 10}$$

가 되고, 노턴 등가 전류 I_N (= I_{ab})는

$$I_N = \frac{20 + 15I}{15 + 20} = \frac{14}{26} = 0.538A$$

가 얻어진다.

그림 13-4는 본 예제에서 사용된 회로의 노턴의 등가회로를 보여준다.

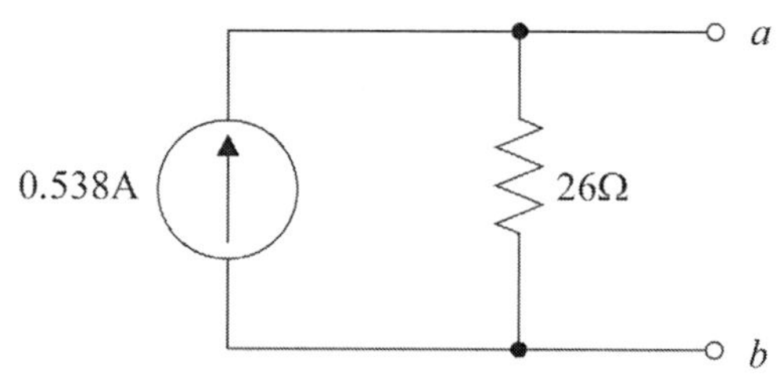

【그림 13-4】

(2) 전원 변환

앞에서 다룬 절점(노드)해석기법은 키르히호프의 전류법칙(KCL)을 이용하므로 이 기법을 적용할 회로에 전압원 없이 전류원만 존재한다면 일반적으로 해석이 간단하게 된다. 반면에 망로(메쉬)해석기법은 키르히호프의 전압법칙(KVL)을 이용하므로 이것은 전류원 없이 전압원만으로 구성된 회로해석에 유리하다. 이와 같이 회로 해석 과정에서 원치 않는 형태의 전원이 존재할 경우, 전압원을 등가적인 전류원으로 또는 전류원을 등가 전압원으로 변환시킬 수 있다면 회로해석이 한결 수월하게 될 것이다.

그림 13-5는 전압원을 등가 전류원으로, 또한 전류원을 등가 전압원으로 변환시키는 **전원변환(Source Conversion)**방법을 보여주고 있는데, 이때 각 전압원은 그에 직렬로 연결된 내부저항을 가져야 한다. 한편 전류원은 그에 병렬로 연결된 내부저항을 가져야 전압원으로 변환이 가능하다. 이렇게 전원변환을 시킬 경우, 단자 *a*, *b* 외부에서만 등가적(즉, *a*, *b* 단자 외부에서 측정한 전류와 전압이 같다는 의미)이 되고 일반적으로 내부적으로는 전원들은 등가적이 아닐 수 있다.

전압원에 직렬로 연결된 저항과 그 등가 전류원에 병렬로 연결된 저항은 똑같으며, 등가 전류원에서의 생성전류는 원래 전압원에서 생성하는 전압을 저항값으로 나눈 값이 된다. 또한 등가 전류원의 전류방향은 원래 전압원의 양(+)의 극성 쪽의 단자(그림 13-1(a)에서는 단자 *a*)로 향함에 유의한다.

한편, 전류원과 그의 등가 전압원으로의 변환은 그림 13-1(b)에 보여 지는데, 등가 전압원의 직렬 저항값은 원래전류원의 병렬 저항값과 같고 등가 전원전압은 원래 전원전류와 저항값의 곱과 같다. 등가 전압원의 + 극성은 원래 전류원이 화살표가 향하는 쪽의 단자(그림 13-1(b)에서는 단자 *a*)가 된다.

'종속 전원'의 변환도 지금 설명한 독립 전원의 변환과 똑같은 과정을 거쳐 얻어진다.

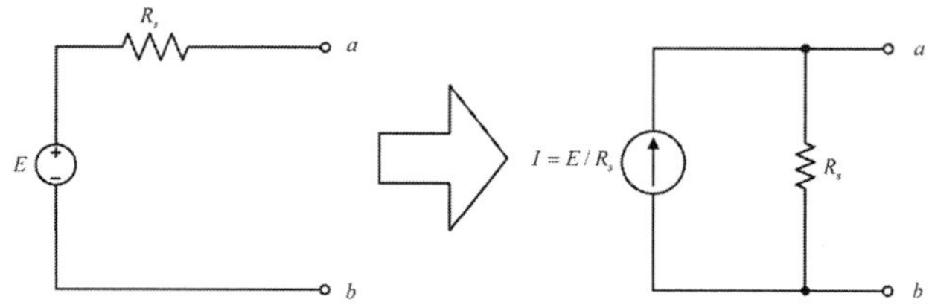

(a)

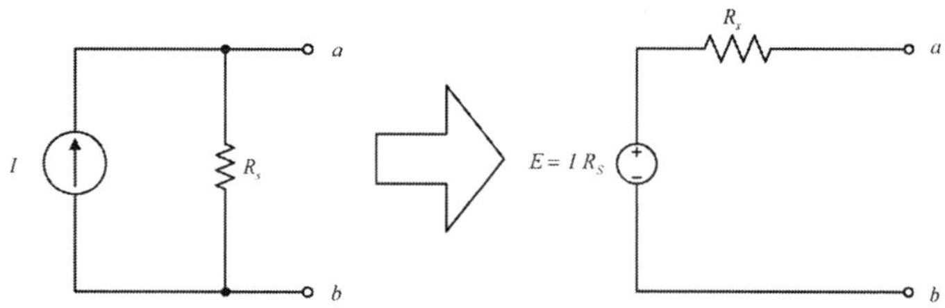

(b)

【그림 13-5】

이들 전원 변환 기법은 앞에서 다룬 테브난의 등가회로 및 노턴의 등가회로 사이에도 적용될 수 있다.

즉, 그림 13-6과 같은 테브난과 노턴의 등가회로 사이에 식 (13-1)과 같은 관계식이 성립한다.

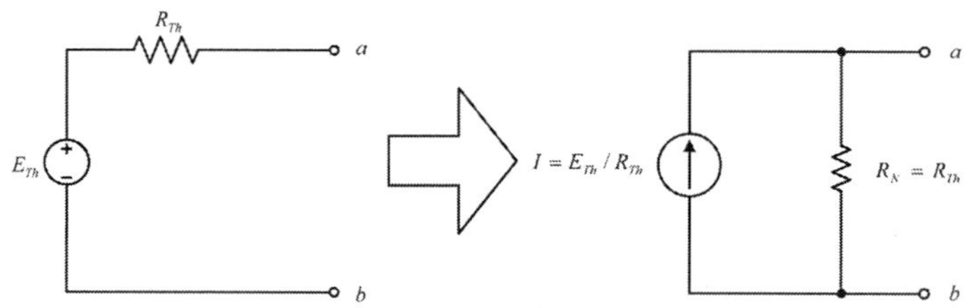

(a)

【그림 13-6】

$$R_N = R_{Th} \qquad E_{Th} = I_N R_N \qquad I_N = \frac{E_{Th}}{R_{Th}} \tag{13-1}$$

식 (13-1)로부터 E_{Th}, I_N, R_{Th} 의 세 개의 파라미터 중 두 개만 알고 있거나 구할 수 있다면 나머지 하나도 구할 수 있다. 따라서, 테브난의 등가전압과 노턴의 등가전류를 구하여 R_{Th} 값도 구할 수 있음을 알 수 있다.

(3) 컴퓨터 시뮬레이션

아울러 이번 장에서는 노턴의 정리 및 전원변환의 원리 해석을 위하여 사용된 하드웨어 회로를 다시 구성하여 컴퓨터 해석을 수행한다.

3. 실험 예비 문제

실험명	노턴의 정리와 전원 변환								
학과		학년		학번		조		성명	
작성 일자			실 험 예정일			담당 교수		담당 조교	

그림 13-7의 회로에 대해

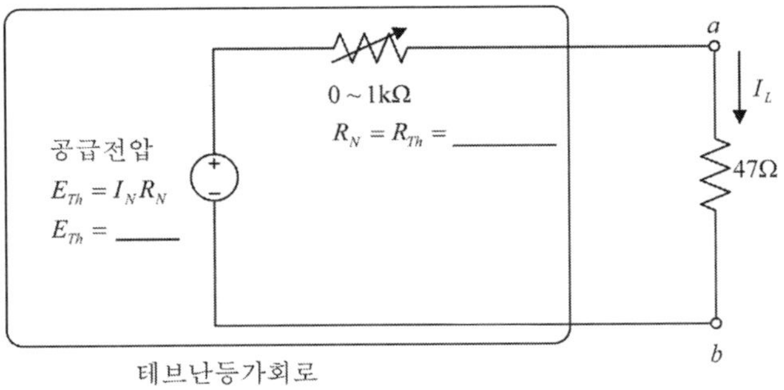

【그림 13-7】

(1) 단자 a, b에 연결된 이상적인 전류계에서 측정된 노턴의 등가 전류 I_N을 구하라.

I_N = ________________

(2) 단자 a, b에 연결된 부하저항 R_L 을 통해 흐르는 전류가 $I_L = I_N/2$이 되는 부하저항 R_L을 구함으로써 R_N 을 구하라.

R_N = ____________________

(3) 전원변환법칙을 이용하여 위에서 구한 노턴의 등가회로를 테브난의 등가회로로 바꿔라.

4. 실 험

실험명	노턴의 정리와 전원 변환 실험								
학과		학년		학번		조		성명	
실험 일자			작성 일자			담당 교수		담당 조교	

*** 상황에 따라 전원 변환 관련 실험은 생략 가능.**

(1) 사용기기 및 부품

측정계기 : 디지털 멀티미터(DMM) 1대
직류 전원 공급기 1대

저 항 기 : 10Ω, 50Ω, 100Ω, 200Ω, 300Ω, 3.3kΩ, 10kΩ, 1/4W (탄소) 저항기 각 1개

가변저항기 : 0~1kΩ 1개

컴퓨터시스템 및 소프트웨어 : PSpice (Windows)나 C++, QBASIC, PASCAL, FORTRAN 등 필요한 프로그램 언어를 사용할 수 있도록 준비된 컴퓨터 시스템

(2) 실험과정

가. 1mA 전류원 설계

(a) 그림 13-8과 같은 회로를 구성하라.

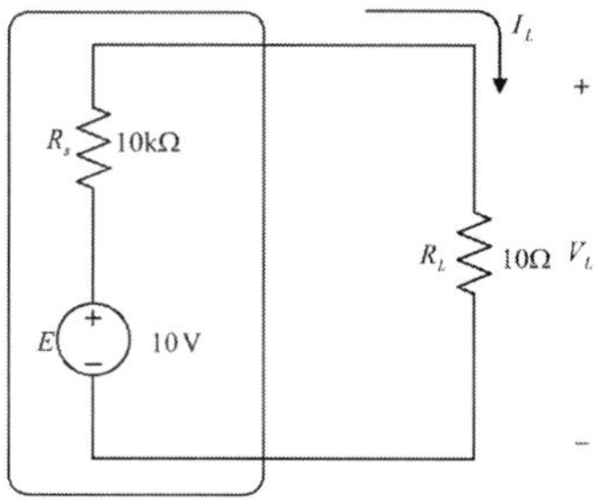

【그림 13-8】

(b) 그림 13-8의 오른편 빈칸에 각 저항값을 저항계로 측정하여 기록 하라.

(c) 측정 저항값들을 사용하여 부하 전류 I_N을 계산하라.

I_N = ____________________

(d) 전원 공급기의 전원을 켜고 부하 전압 V_L을 측정하라. 또한 측정 저항값과 측정 전압 V_L을 사용하여 부하 전류 I_L을 계산하라.

V_L = ____________________

I_L = ____________________

(e) 그림 13-8의 회로에서 전원 공급기의 전원을 끈 후, 부하 저항 R_L을 50Ω으로 바꾸고 이 값을 저항계로 측정하여 기록하라.
또한 측정 저항값들을 사용하여 부하 전류 I_L을 계산하라.

R_L(측정치) = ____________________

I_L = ____________________

(f) 전원 공급기의 전원을 켜고 부하 전압 V_L을 측정하라. 또한 측정 저항값과 측정 전압 V_L을 사용하여 부하 전류 I_L을 계산하라.

V_L = ____________________

I_L = ____________________

(g) 그림 13-8의 회로에서 전원 공급기의 전원을 끈 후, 부하 저항 R_L을 100Ω으로 바꾸고 이 값을 저항계로 측정하여 기록하라.
그 다음 전원 공급기의 전원을 다시 켜고 부하 전압 V_L을 측정하라. 또한 측정 저항값과 측정 전압 V_L을 사용하여 부하 전류 I_L을 계산하라.

R_L(측정치) = ____________

V_L = ____________

I_L = ____________

(h) 마지막으로 그림 13-8의 회로의 부하 저항 R_L을 200Ω으로 바꾼 상태에서, (g)의 과정을 반복하라.

R_L(측정치) = ____________

V_L = ____________

I_L = ____________

(i) (a)~(h)에서 사용된 부하 저항 R_L의 값에 따른 부하 전류 I_L에 대한 결과 값 (측정 부하 전압 V_L 으로부터 계산된 값들임)을 그래프 13-1 상에 그려라.

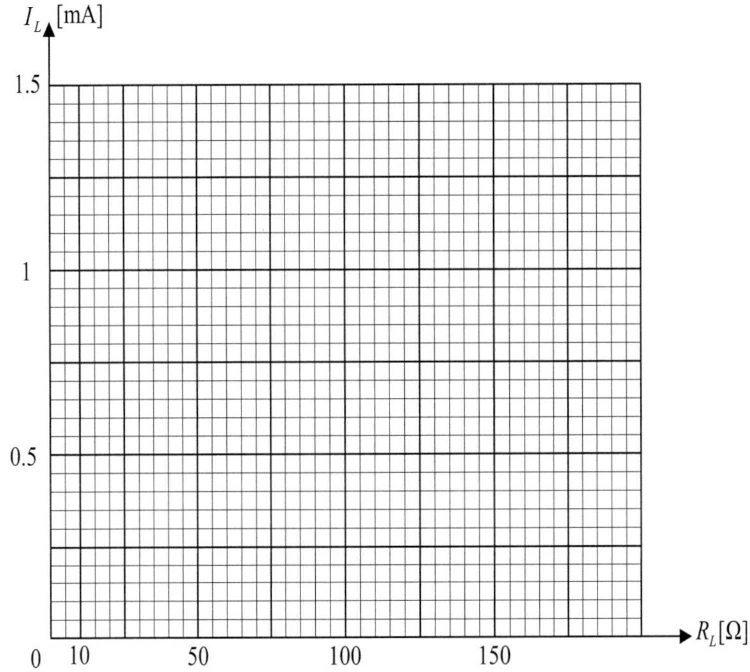

【그래프 13-1】

(j) 그래프 13-1에서 전류 I_L은 부하 저항 R_L의 변화에 관계없이 거의 일정한 값을 나타내고 있다고 결론지을 수 있는가? 그렇다면 그림 13-8의 회로에서 전압원 대신, 정 전류원으로 대치된 회로를 그리고 파라미터 값들을 회로 상에 표시하라.

나. 노턴의 등가회로 (R_N, I_N) 결정

(a) 그림 13-9(a)와 같은 회로를 구성하라.

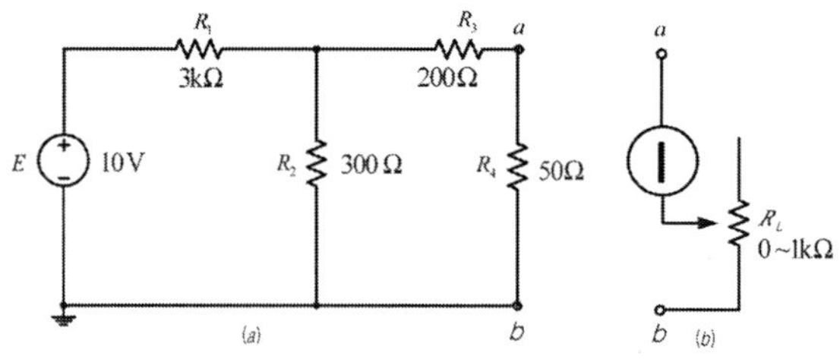

R_1(측정치) = ______

R_2(측정치) = ______

R_3(측정치) = ______

【그림 13-9】

(b) 그림 13-9(a)의 오른편 빈칸에 각 저항값을 저항계로 측정하여 기록하라.

(c) 측정 저항값들을 사용하여 50Ω 저항 왼쪽의 회로에 대한 노턴의 등가회로를 구하기 위하여 R_N 값과 I_N 값을 계산하라.

R_N = ______, I_N = ______

(d) (c)에서 구한 R_N 값과 I_N 값(즉, 노턴의 등가회로)을 사용하여 부하 저항 50Ω 을 통해 흐르는 부하 전류 I_L을 계산하라.

I_L = ______

(e) 그림 13-9(a)의 회로에서 전원 공급기의 전원을 켜고 전압 V_{ab}를 측정하라. 또한 측정 저항값과 측정 전압 V_{ab}를 사용하여 부하 전류 I_L을 계산하라.

V_{ab} = ____________________

I_L = ____________________

(f) 식 (13-2)를 이용하여 (d)에서 계산된 I_L과 (e)에서 계산된 I_L 사이의 오차를 계산하라.

$$\text{오차}(\%) = \left| \frac{\text{측정치} - \text{계산치}}{\text{측정치}} \right| \times 100\% \qquad (13\text{-}2)$$

오차 (%) = ____________________

(g) 노턴의 등가 전류 I_N 값은 50Ω 부하 저항을 단락 회로로 바꾼 후, 단락 전류를 직접 측정하여 구할 수 있다. 이와 같이 직접 측정을 통해 노턴의 등가 전류 I_N 값을 구하여 기록하라.

I_N = ____________________

식 (13-2)을 이용하여 (c)에서 계산된 I_N과 (g)에서 측정된 I_N사이의 오차를 계산하라.

오차 (%) = ____________________

(h) 단자 a, b에 연결된 부하저항 R_L 을 통해 흐르는 전류가 $I_N = I_N/2$이 되도록 만들어 주는 부하저항 R_L을 구함으로써 실험적으로 R_N 을 구할 수 있다. 즉, (g)로부터 노턴의 등가전류 I_N 의 $I_N/2$이 되는 전류값을 계산하여 기록하라.

$I_N/2$ = ________________

다음은 그림 13-9(a)에서 단자 a,b에, 50Ω 부하 저항 대신에 그림 13-9(b)와 같은 가변 저항을 전류계와 직렬로 연결하라. 그리고 전원 공급기의 전원을 켠 후, 가변 저항을 흐르는 전류값이 위에서 구한 $I_N/2$ 값이 될 때까지 가변 저항값을 변화시킨 다음 가변저항기를 분리하여 그 가변저항값을 측정하여 기록하라.

R_L = ________________

식 (13-2)을 이용하여 (c)에서 계산된 R_N과 여기서 측정된 R_N사이의 오차를 계산하라.

오차 (%) = ________________

(i) (c)에서 계산된 R_N 값과 I_N 값에 의해 정의된 노턴의 등가회로를 구성하기 위하여 먼저 그림 13-10의 회로를 구성하라.

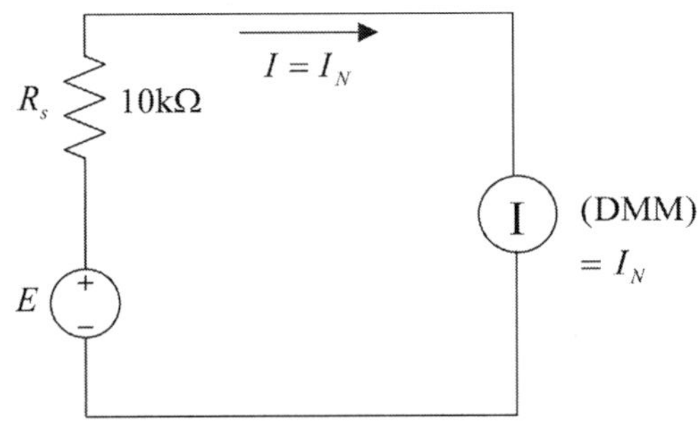

【그림 13-10】

다음은 전원 공급기의 전압값을 변화시켜 DMM에 의해 측정된 전류값이 (c)에서 얻어진 노턴의 등가 전류값 I_N 값이 되도록 맞춘다. 이렇게 얻어진 전원 공급기의 전압값 E와 I_N 값을 그림 13-11(b)에 기록하라.

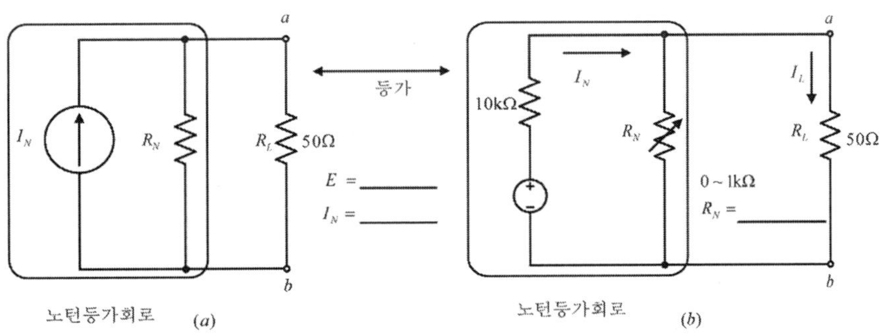

【그림 13-11】

다음은 DMM을 제거하고 저항계를 사용하여, 가변저항기의 저항값이 (c)에서 얻어진 노턴의 등가 저항값 R_N 이 되도록 맞춘다. 이렇게 고정된 가변저항기를 그림 13-11(b)에 삽입하라.

그림 13-11(b)는 그림 13-9(a)의 노턴의 등가회로가 된다. 여기서 가변저항기 값은 노턴의 등가 저항값 R_N 이 되며, 10kΩ 저항기와 직렬로 연결된 전원 공급기는 등가 전류원이 된다. 이때 10kΩ의 큰 값을 가지는 저항기가 사용된 이

유는 그림 13-11(b)에서 병렬로 연결된 작은 저항값에 전류값 I_N 값이 되도록 영향을 받지 않고 정 전류를 흘려줄 수 있도록 해주기 위해서이다.

즉, I_N = $E\,(10\text{k}\Omega + R_{network}) \cong E\,/\,10\text{k}\Omega$이 되어 $R_{network}$이 10kΩ보다 매우 작다면 I_N 은 일정한 전류값이 됨을 알 수 있다.

이제 전압 V_{ab}를 측정하고 그 결과를 기록하라. 또한 측정 저항값과 측정 전압 V_{ab}를 사용하여 부하 전류 I_L을 계산하라.

V_{ab} = ____________________

I_L = ____________________

식 (13-1)을 이용하여 (d)에서 계산된 I_L과 여기서 측정된 I_L사이의 오차를 계산하고, 이 결과들이 노턴의 등가회로를 만족하고 있는지를 검증하라.

오차 (%) = ____________________

(j) 그림 13-11(b)의 회로에서 부하저항을 50Ω에서 100Ω으로 바꾼 후, V_{ab}를 측정하고 그 결과를 기록하라. 또한 측정 저항값과 측정 전압 V_{ab}를 사용하여 부하 전류 I_L을 계산하라.

V_{ab} = ____________________

I_L = ____________________

그림 13-9(a)의 회로에서 부하저항을 50Ω에서 100Ω으로 바꾸어 재구성하라. V_{ab}를 측정하고 그 결과를 기록하라. 또한 측정 저항값과 측정 전압 V_{ab}를 사용하여 부하 전류 I_L을 계산하라.

V_{ab} = ____________________

I_L = ____________________

(j)에서 얻어진 I_L의 결과들을 비교하라. 또한 노턴의 등가회로가 단자 사이의 부하 저항을 바뀌더라도 여전히 유용한지를 검증하라.

다. 전원변환

(a) 전원변환 기법을 사용하여, 그림 13-11(b)의 노턴의 등가회로를 테브난의 등가회로로 대치시킬 수 있다. 만일 이들 회로들이 완전히 등가적이 된다면, 대치된 테브난의 등가회로로부터 측정된 전압 V_{ab}과 부하 전류 I_L은 노턴의 등가회로에서 얻어진 값들과 일치하여야 한다.

전원변환 기법을 사용해서 노턴의 등가회로로부터 테브난의 등가회로를 구하기 위해서는, 그림 13-11(b)의 파라미터들과 $E_{Th} = I_N R_N$ 식을 사용하여 우선 테브난의 전압 E_{Th}를 계산하라.

E_{Th} = ____________________

또한 $R_{Th} = R_N$ 이므로 테브난의 등가회로가 쉽게 구해진다.

(b) 그림 13-12와 같은 테브난의 등가회로를 구성하라.

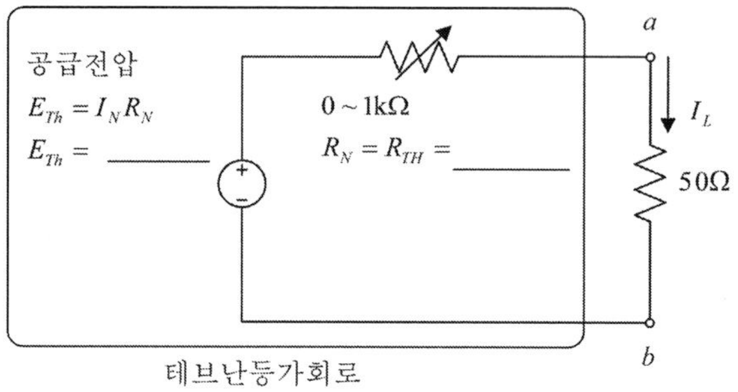

【그림 13-12】

전압 V_{ab}를 측정하라. 또한 측정 저항값과 측정 전압 V_{ab}를 사용하여 부하 전류 I_L을 계산하라.

V_{ab} = ____________________

I_L = ____________________

식 (13-3)를 이용하여 나(e)에서 구해진 V_{ab} 및 I_L를 여기서 얻어진 V_{ab} 및 I_L 와 비교하여 각각의 오차를 계산하라.

$$오차(\%) = \left| \frac{나(e) - 다(b)}{나(e)} \right| \times 100\% \tag{13-3}$$

[전압] 오차 (%) = ____________, [전류] 오차 (%) = ____________

이 결과들이 전원변환 법칙을 만족하고 있는지를 검증하라.

다. 컴퓨터 시뮬레이션

(a) 노턴의 정리에 대한 실험으로서 그림 13-9(a)의 회로를 위해 측정된 저항값들을 이용하여, PSpice 또는 그 외의 적절한 프로그램 언어를 사용한 시뮬레이션을 수행하여 부하저항 R_L= 47Ω 양단의 전압 V_L과 R_L 을 통해 흐르는 전류 I_L을 구하여 표 13-1의 시뮬레이션 결과 란에 기록하라.

(b) 앞의 나(e)의 실험을 통해 얻어진 V_L과 I_L 들을 표 13-1의 측정값 란에 기록하라.

【표 13-1】

노턴 등가	측정값	시뮬레이션 결과	오차(%)
V_L	[V]	[V]	
I_L	[mA]	[mA]	

(c) 표 13-1에 정리된 실험결과와 시뮬레이션 결과가 일치하는지를 확인하고, 차이가 있다면 그 이유를 설명하라.

실험 14

커패시터 특성과 *RC* 직류 회로 실험

1. 목 적

(1) 정상 상태에 있는 직류 회로에서의 커패시터 특성을 이해하고 실험적으로 검증한다.
(2) 충전 상태의 커패시터 양단에 걸리는 전압의 지수 함수적 특성을 실험적으로 검증한다.
(3) 직렬 및 병렬 연결된 커패시터들의 총 커패시턴스 계산식을 실험적으로 검증한다.
(4) 테브난 정리를 이용하여, 기본적인 RC 직렬 형태를 가지지 않는 회로 해석을 효과적으로 수행하는 법을 실험적으로 익힌다.

2. 관련 이론

(1) 커패시터

지금까지는 저항성 회로, 즉 저항기와 전원을 포함하는 회로를 다루었다. **저항기(Resistor)**는 열에너지 형태로 에너지를 소모하는 수동 소자이다. 또 다른 형태의 중요한 수동소자들로는 **커패시터(Capacitor)**와 **인덕터(Inductor)**를 들 수 있다. 저항기, 커패시터, 또는 인덕터는 에너지를 소모하거나 저장할 수는 있지만 생성해 낼 수 없으므로 수동소자라고 불린다. 특히 커패시터와 인덕터는 동적(Dynamic) 소자라고도 불리는데 이는 저항기와는 달리 회수될 수 있는 에너지를 저장하기 때문이다. 따라서 에너지 저장소자라고도 불린다.

커패시터는 콘덴서(Condenser)라고도 불리는데, 전기장(Electric Energy)의 형태로 전기적인 에너지를 저장하는 수동소자로서 부도체 재료로 분리된 두 도전체로 구성된 2단자 소자이다. 이러한 부도체 재료를 절연체(Insulator) 또는 유전체(Dielectric)라고 한다. 유전체이므로 전하(Charge)가 소자 내의 한 도전체에서 다른 도전체로 이동할 수 없다. 따라서 전하는 커패시터의 단자에 접속된 외부 회로를 통해서 운반될 수밖에 없다. 커패시터에 저장되는 전하 Q 는 커패시터 양단에 걸리는 전압 V와 커패시터의 용량을 결정 시켜주는 비례상수인 커패시턴스(Capacitance) C 의 곱으로 표현된다.

즉,

$$Q = CV \tag{14-1}$$

커패시턴스의 차원은 쿨롬/볼트가 되며, 단위는 영국의 물리학자인 패러데이(Michael Faraday: 1791~1867)의 이름을 따서 패럿(Farad : F)을 사용한다. 1 F의 커패시터에 1V의 전위차를 가하면 1쿨롬의 전하를 분리하여 저장하게 된다.

전류는 전하의 변화량이므로 식 (14-1)을 시간에 대해 미분하면 다음과 같다.

$$i(t) = C\frac{dv_{c(t)}}{dt} \tag{14-2}$$

식 (14-2)로부터 알 수 있듯이, 커패시터는 전압의 시간적 변화에 비례하여 커패시터를 흐르는 전류가 비례하는 소자이다. 위의 식 (14-2)로부터 커패시터가 가지는 중요한 특성들을 얻어낼 수 있다. 즉, 커패시터 양단의 전압이 증가하거나 감소하는 경우에만 커패시터에 연결된 외부 회로를 통해 전류가 흐르며, **커패시터 양단에 직류 전압(즉, 전압값이 변화하지 않고 일정한 정상상태의 전압)이 걸리면 커패시터는 개방회로로 동작한다**. 또한 커패시터 양단에 걸리는 전압이 갑자기 변화하면 식 (14-2)에서 알 수 있듯이 커패시터를 통해 흐르는 전류가 무한대가 되는 현상이 발생하므로, **커패시터 양단에 걸리는 전압은 갑자기 변화할 수 없다**.

식 (14-2)로 표현되는 커패시터의 회로 기호 및 커패시터를 흐르는 전류의 방향 및 양단에 걸리는 전압의 극성 사이의 관계는 그림 14-1에 보이는 것과 같다.

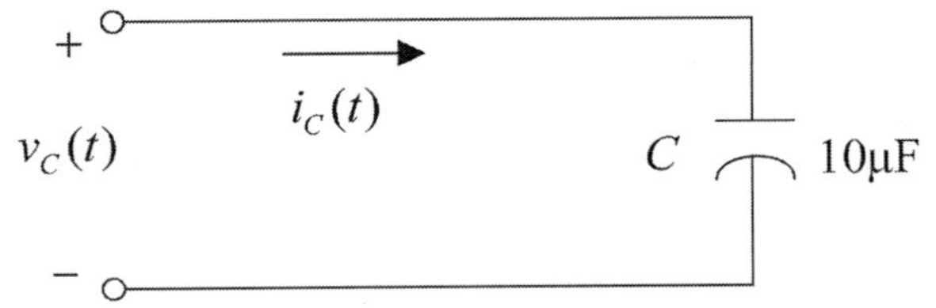

【그림 14-1】

커패시터 양단에 걸리는 전압은 커패시터 평판 사이에 전하의 분리를 동반한다. 이 전하들 간에는 전기적인 힘이 작용한다. 전기장은 전자장 이론의 기본적 양이며 단위 양전하에 적용되는 힘이 작용한다. 따라서 커패시터 내의 전하에 작용하는 힘은 전기장으로부터 얻게 된다고 생각할 수 있으며, 커패시터에 저장되는 에너지는 두 평판 사이에 작용하는 전기장 내에 저장된다고 하는 이유도 여기에 있다. 이와 같이 전기적 에너지 형태로 커패시터에 저장되는 에너지[주울(Joule: J)]는 다음과 같이 얻어진다.

$$W = \frac{1}{2}CV^2 \tag{14-3}$$

한편, N 개의 커패시터를 직렬로 접속한 회로의 등가 커패시턴스(총 커패시턴스)는 다음 식 (14-4)와 같이 얻어진다.

$$\frac{1}{C_T} = \frac{1}{C_1} + \frac{1}{C_2} + \frac{1}{C_3} + \dots + \frac{1}{C_N} \tag{14-4}$$

이는 여러 개의 저항들을 병렬로 연결한 총 저항을 구하는 형태와 동일하다.

또한, N 개의 커패시터를 병렬로 접속한 회로의 등가 커패시턴스(총 커패시턴스)는 다음 식 (14-5)와 같이 얻어진다.

$$C_T = C_1 + C_2 + C_3 + \dots + C_N \tag{14-5}$$

이는 여러 개의 저항들을 직렬로 연결한 총 저항을 구하는 형태와 동일하다.

커패시터에는 재질과 용도에 따라 여러 종류로 나뉜다. 대표적인 것들로는 종이(Paper) 커패시터, 플라스틱 필름(Plastic Film) 커패시터, 마이카(Mica) 커패시터, 유리(Glass) 커패시터, 전해(Electro lytic) 커패시터, 자기(Ceramic) 커패시터, 다층자기(Multi-layer Ceramic) 커패시터, 가변(Variable) 커패시터 등이 있다. 실험실에서는 주로 전해 커패시터를 사용하며, 실제로는 플라스틱 필름 커패시터의 일종인 자기 커패시터나 마이라(Mylar) 커패시터가 많이 쓰인다. 커패시터의 용량값과 최대 동작 전압, 허용 오차, 온도 계수 등이 커패시터 표면에 표시되어 있으며, 제조 회사에 따라 표시 방법이 조금씩 다르다.

(2) RC 회로의 충전 국면

(a) $i(t)$

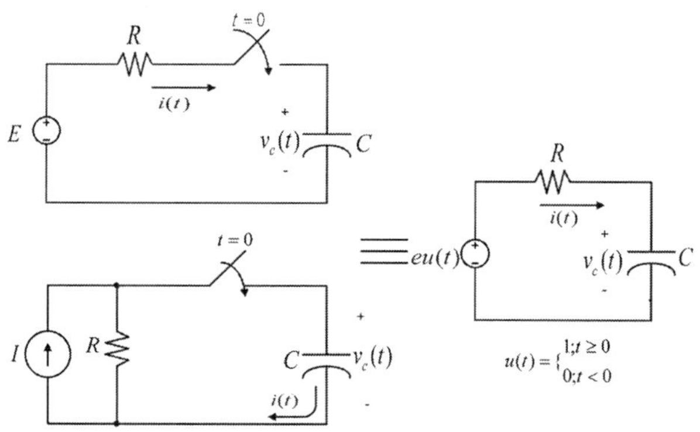

【그림 14-2】

그림 (14-2)에 보이는 것처럼 커패시터가 전압원 또는 전류원과 연결되어 있지 않은 상태를 유지하다가 어느 순간(이때를 t=0 순간으로 가정) 갑자기 스위치가 닫히면서 전원에 커패시터가 연결되는 상태를 가정한다. 스위치가 닫히는 순간부터 회로에 전류가 흐르고 커패시터 양단에 전압의 변화가 생기며 에너지가 충전되기 시작한다. 스위치가 닫히는 순간, E 라는 전압이 갑자기 RC 회로에 인가되는 과정을 그림 14-2에서와 같이 단위 계단함수(Unit Step Function)를 사용하여 등가적으로 표현하기도 한다.

가. 초기조건

커패시터 양단에 걸리는 전압은 갑자기 변화할 수 없으므로, 커패시터 양단에 걸리는 전압과 커패시터를 통해 흐르는 전류의 초기 조건이 다음과 같이 성립한다.

$$v_c(0) = V_0 = v_c(0^-) = v_c(0^+)$$

$$i(0^+) = I_0 = \frac{E - V_0}{R},\ i(0^-) = 0$$

나. 최종치

그림 14-2로부터 스위치가 닫힌 상태에서 오랜 시간이 흐른 경우(즉, 정상상태)에는 커패시터를 통해 흐르는 전류는 0이 될 것이다.

다. 시정수 (충전 국면)

시정수(Time Constant) τ는 전류 및 전압의 감쇄율 또는 증가율의 척도, 즉 초기전류의 e^{-1}(=0.368) 이 되는 시간 또는 최종전압의 $1-e^{-1}$(=0.632) 이 되는 시간을 말한다.

RC 회로에서의 시정수 $\tau = RC$ 가 된다.

시정수가 커질수록, 전압 또는 전류의 최종치에 늦게 도달하게 된다. 실제적 관점에서, 시정수의 5배 시간 후의 전류나 전압 값은 최종치에 도달한 것으로 취급한다.

라. 완전 응답

그림 14-2로부터 전류 또는 전압의 순시치 표현식 또는 완전 응답을 구할 때는 미분방정식을 이용하여 구할 수도 있지만, 초기전류 및 최종전류 그리고 회로의 시정수를 구한 후 다음과 같은 식에 대입하면 된다.

$$\therefore i(t) = I_f + (I_0 - I_f)e^{-\frac{t}{\tau}} = I_0 e^{-\frac{t}{RC}}, \quad t \geq 0$$

$I_f = 0,\ I_0 = \dfrac{E - V_0}{R}, \tau = RC$ 이므로 $t \ge 0$ 에서의 전류의 순시치 표현식은 다음과 같이 얻어진다.

$$\therefore i(t) = I_0 e^{-\frac{t}{RC}} \quad , \ t \ge 0 \qquad (i(\infty) = 0) \ = \left(\frac{E - V_0}{R}\right) e^{-\frac{t}{RC}}$$

만일 V_0 = 0 라면,

$$V_0 = 0 \ ; \qquad i(t) = \frac{E}{R} e^{-\frac{t}{RC}}$$

위의 식으로부터 RC 회로에 있어서 충전 시 전류의 순시치 변화를 그림으로 표현하면 그림 14-3과 같이 얻어진다.

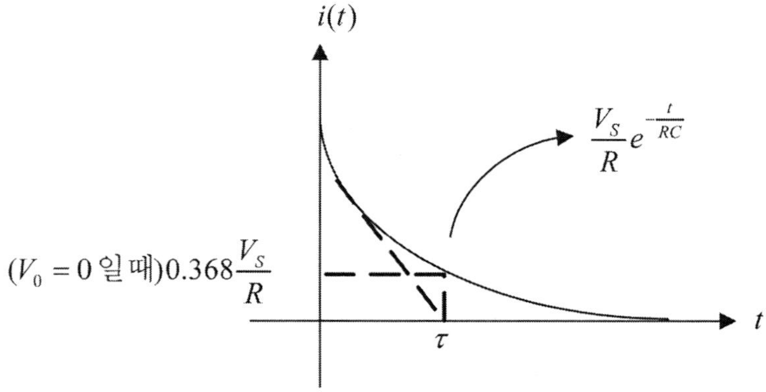

【그림 14-3】

(b) $v_c(t)$

가. 초기조건

앞에서도 설명했듯이 커패시터 양단에 걸리는 전압은 갑자기 변화할 수 없으므로, 커패시터 양단에 걸리는 전압의 초기 조건이 다음과 같이 성립한다.

$$v_c(0) = V_0 = v_c(0^-) = v_c(0^+)$$

나. 최종치

그림 14-2로부터 스위치가 닫힌 상태에서 오랜 시간이 흐른 경우(즉, 정상상태)에는 커패시터를 통해 흐르는 전류는 직류가 되며 이 경우 커패시터는 개방상태가 되므로 V_f 는 인가전압 E 가 된다.

다. 시정수 (충전 국면)

앞의 전류의 경우에서와 마찬가지로 RC 회로에서의 시정수 $\tau = RC$ 가 된다.

라. 완전 응답

그림 14-2로부터 전압의 순시치 표현식 또는 완전 응답은 초기 전압 및 최종 전압 그리고 회로의 시정수를 구한 후 다음과 같은 식에 대입하면 된다.

$$v_c(t) = V_f + (V_i - V_f)e^{-\frac{t}{\tau}}$$

$$= E + (V_0 - E)e^{-\frac{t}{RC}}, t \geq 0$$

위의 식으로부터 만일 V_0 = 0 라면, RC 회로에 있어서 충전 시 전압의 순시치 변화를 그림으로 표현하면 그림 14-4와 같이 얻어진다.

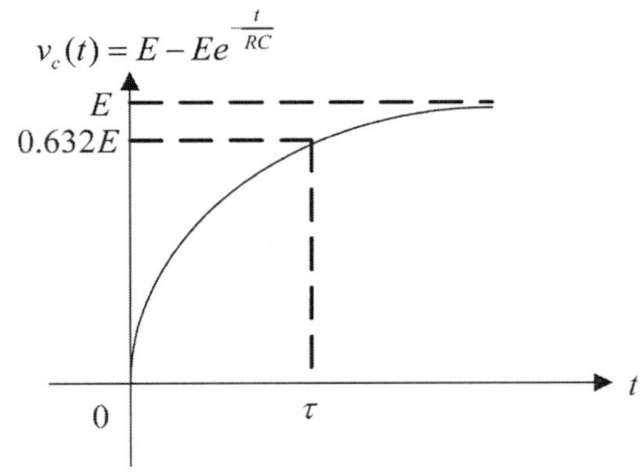

【그림 14-4】

(c) P_C

RC 회로에 있어서 충전 시 전력의 순시치 변화 수식적으로 표현하면 다음과 같이 얻어진다.

$$P_C = \frac{E^2 - EV_0}{R} e^{-\frac{t}{RC}} - \frac{(E-V_0)^2}{R} e^{-\frac{2t}{RC}} \quad ; \quad t \geq 0$$

(d) W_C

RC 회로에 충전되는 에너지는 다음과 같이 얻어진다.

$$W_C = \frac{CE^2}{2} - \frac{CV_0^2}{2} - CE(E-V_{0)e}^{-\frac{t}{RC}} + \frac{C(E-V_0)^2}{2} e^{-\frac{2t}{RC}} \ ; \ t \geq 0$$

정상상태에서의 커패시터에 충전된 에너지의 변화량을 살펴보면 다음과 같다.

$$t \rightarrow \infty \ ; \qquad W_C = \frac{C}{2}(E^2 - V_0^2) = \frac{CE^2}{2} - \frac{CV_0^2}{2} \quad (\text{최종에너지} - \text{최초에너지})$$

실험실에서 사용되는 커패시터는 그림 14-5에 보이는 것과 같이 왼쪽에서 부터 전해커패시터, 마일러 커패시터, 세라믹 커패시터 세 가지 커패시터가 있다. 전해커패시터는 극성이 있는 커패시터로서 전원 안정화나 저주파 바이패스 등에 활용되고, 커패시터 표면에 전압, 용량 등이 적혀있어 400V 100μF일 경우 커패시턴스 용량은 100μF이며 최대로 견딜 수 있는 내압은 400V임을 알 수 있다. 마일러 커패시터는 전해 커패시터와 다르게 극성이 없고, 작은 용량을 가지고 있다. 마일러 커패시터는 고주파 특성이 양호하므로 고주파 결합용으로 사용된다. 세라믹 커패시터는 마일러와 똑같이 극성이 없으나 마일러보다 더 작은 용량을 가지고 있어 고주파 바이패스에 흔히 사용된다. 마일러 커패시터와 세라믹 커패시터의 용량 읽는 방법은 같다. 커패시터는 pF 단위를 사용한다. 커패시터 표면에 104라고 적혀져 있는 경우, 첫 번째와 두 번째 숫자는 자리숫자를 표현하고, 세 번째 숫자는 승수를 표현한다. 정리하면, $C = 10 \times 10^4 pF = 0.01\mu F$ 으로 표현이 된다.

【그림 14-5】

3. 실험 예비 문제

실험명	커패시터 특성과 RC 직류 회로 실험							
학과		학년		학번		조		성명	
작성 일자		실 험 예정일				담당 교수		담당 조교	

(1) 그림 14-6의 회로에서 스위치가 닫힌 후 5초가 지났을 때 전압이 16V로 증가하였다면, 이 회로에서 사용된 커패시터의 커패시턴스 C[μF]는 얼마인가?

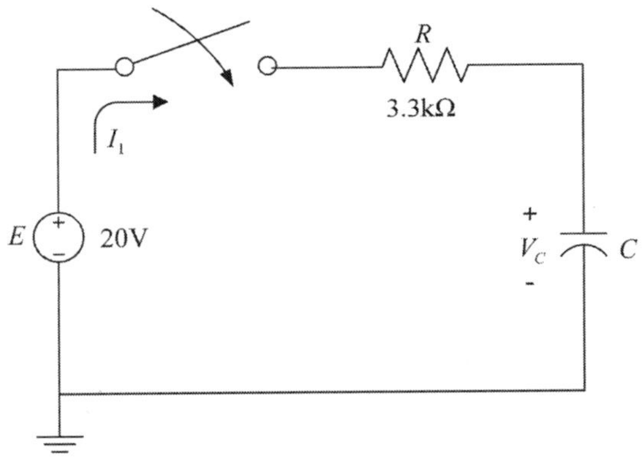

【그림 14-6】

C = ____________________

(2) 그림 14-7의 회로에서 스위치가 닫힌 후 커패시터 양단의 전압 V_C의 순시치 표현식을 구하라.

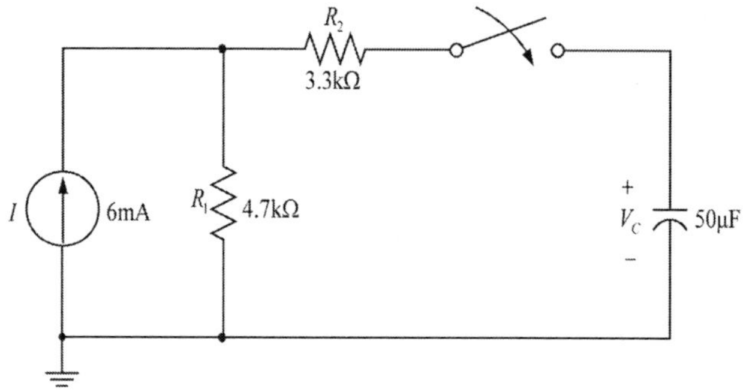

【그림 14-7】

V_C = ____________________

(3) 그림 14-7의 회로에서 시정수(Time Constant)를 계산하고, 시정수가 의미하는 바를 기술하라.

4. 실 험

실험명	커패시터 특성과 RC 직류 회로 실험								
학과		학년		학번		조		성명	
실험 일자			작성 일자			담당 교수		담당 조교	

(1) 사용기기 및 부품

측정계기 : 디지털 멀티미터(DMM) 1대
직류 전원 공급기 1대

저 항 기 : 1kΩ, 100kΩ, 1/4W (탄소) 저항기 각 2개
3kΩ, 47kΩ, 1/4W (탄소) 저항기 각 1개

커패시터 : 16V 100μF 2개, 16V 220μF 1개(전해 커패시터)

스 위 치 : 1개

(2) 실험과정

가. 기본적 RC 직렬 회로

(a) 그림 14-8과 같은 회로를 구성하라. 이때 사용하는 전해 커패시터의 극성에 유의한다. 그림 14-8의 오른편 빈칸에 저항값을 저항계로 측정하여 기록하라.

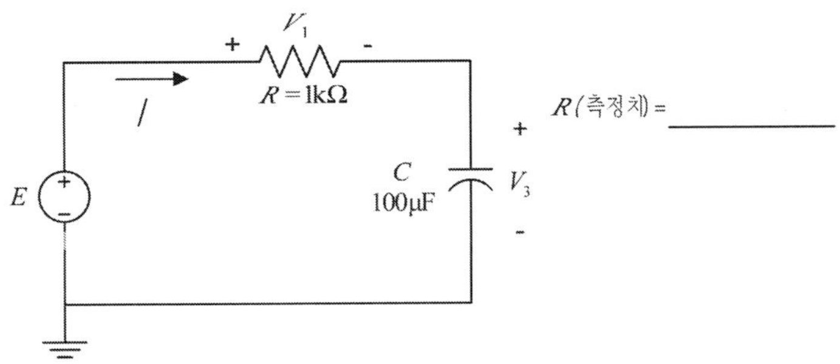

【그림 14-8】

(b) 정상 상태(시정수의 5배 이상의 시간이 지난 상태)의 전류 I 및 전압 V_1, V_2 를 계산하라.

I = ____________________,

V_1 = ____________________, V_2 = ____________________

(c) 전압 V_1, V_2 를 측정하고, 옴의 법칙을 이용하여 전류 I 를 계산하라. 또한 이 결과들을 (b)에서 구한 결과 값들과 비교하라.

V_1 = ____________________, V_2 = ____________________,

I = ____________________

(d) 커패시터에 저장되는 에너지를 계산하라.

W = ____________________

(e) 그림 14-8의 회로에서 전원 공급기의 전원을 조심스럽게 끈 후, 재빨리 커패시터 양단의 전압을 측정하라. 전압값을 얻어낼 수 있는가? 그 이유는?

V_C = ____________________

(f) 리드를 사용하여 커패시터 양단을 단락시키고 전압 V_C 를 다시 한번 측정하라. 이 과정을 수행하는 이유는 무엇인가?

V_C = ____________________

나. 병렬 *RC* 직류 회로

(a) 그림 14-9과 같은 회로를 구성하라. 그림 14-9의 오른편 빈칸에, 각 저항값을 저항계로 측정하여 기록하라.

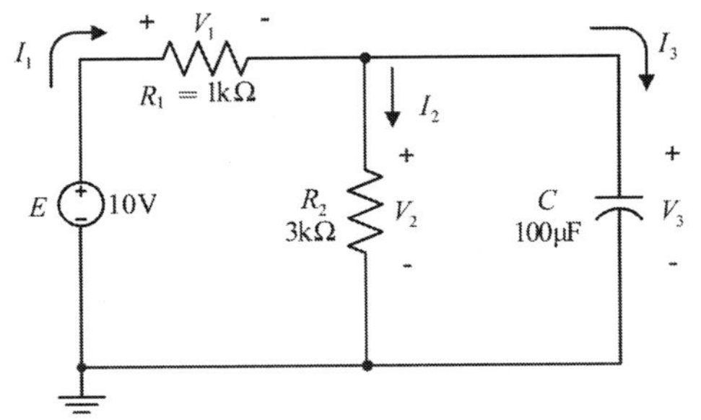

R_1(측정치) = __________

R_2(측정치) = __________

【그림 14-9】

(b) 측정 저항값들을 사용하여 정상 상태(시정수의 5배 이상의 시간이 지난 상태)의 전류 I_1, I_2, I_3 및 전압 V_1, V_2, V_3를 계산하라.

I_1 = ____________, I_2 = ____________, I_3 = ____________

V_1 = ____________, V_2 = ____________, V_3 = ____________

(c) 전원을 켠 후 전압 V_1, V_2, V_3 를 측정하라. 또한 옴의 법칙을 이용하여 전류 I_1, I_2를 계산하고, 키르히호프의 전류법칙을 이용하여 전류 I_3 를 계산하라. 그리고 이 결과들을 (b)에서 구한 결과값들과 비교하라.

V_1 = ____________, V_2 = ____________, V_3 = ____________

I_1 = ____________, I_2 = ____________, I_3 = ____________

다. 직병렬 RC 직류 회로

(a) 그림 14-10과 같은 회로를 구성하라. 그림 14-10의 오른편 빈칸에, 각 저항값을 저항계로 측정하여 기록하라.

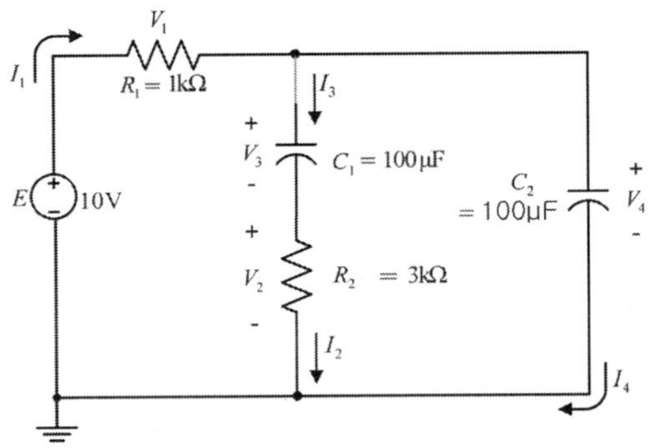

R_1(측정치) = ________

R_2(측정치) = ________

【그림 14-10】

(b) 이상적인 커패시터라고 가정하고 측정 저항값들을 사용하여, 정상 상태(시정수의 5배 이상의 시간이 지난 상태)의 전류 I_1, I_2, I_3, I_4 및 전압 V_1, V_2, V_3, V_4를 계산하라.

I_1 = ____________, I_2 = ____________,

I_3 = ____________, I_4 = ____________

V_1 = ____________, V_2 = ____________,

V_3 = ____________, V_4 = ____________

(c) 전원을 켠 후 전압 V_1, V_2, V_3, V_4 를 측정하라. 또한 이 결과들을 (b)에서 구한 결과값들과 비교하라.

V_1 = ____________________, V_2 = ____________________,
V_3 = ____________________, V_4 = ____________________

라. 커패시턴스 C 의 결정 (실제값)

여기서는 커패시터의 실제 커패시턴스 값을 구하는 실험을 수행한다. 대부분의 경우, 실제값은 표시된 값보다 큰 값이 얻어지게 된다.

(a) 그림 14-11과 같은 회로를 구성하라. 그림 14-11의 오른편 빈칸에, 저항값을 저항계로 측정하여 기록하라.

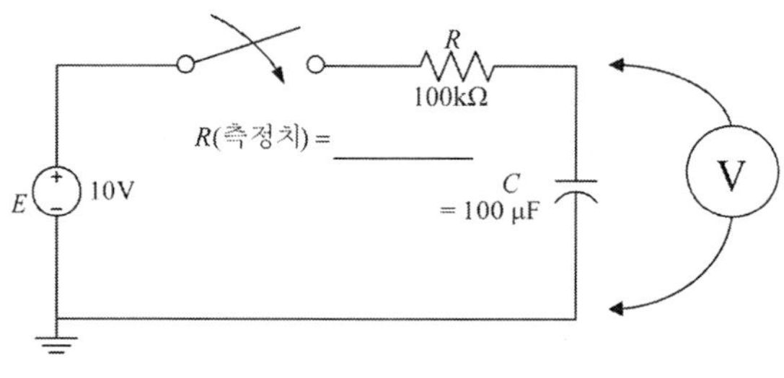

【그림 14-11】

(b) 측정 저항값과 커패시터에 표시된 커패시턴스 값을 사용하여, 시정수를 계산하라.

시정수 (이론치) = ____________________

(c) 전원을 켜거나 스위치를 닫기 전에, 리드를 커패시터 양단에 연결하여 커패시터를 완전히 방전시켜야 한다. 그 후 전원을 켜고 스위치를 닫은 다음, 전압가 최종치의 63.2%(즉 (0.632)(10V)=6.32V)에 도달할 때까지 몇 초가 걸리는지를 관측하라. 관련 이론으로부터 전압 V_C가 최종치의 63.2%에 도달할 때까지 시간을 1시정수라고 하였음을 상기하라.

시정수 (측정치) = ____________________

(d) 실제 커패시턴스 값(측정치)는 다음 식 (14-6)과 같이 정의된다.

$$C(\text{측정치}) = \frac{\tau(\text{측정치})}{R(\text{측정치})} \tag{14-6}$$

그림 14-10의 회로의 커패시터의 실제 커패시턴스 C (측정치)를 구하라.

C (측정치) = ____________________

(e) 220μF 커패시터에 대해서, 앞에서 수행한 과정과 동일한 과정을 거쳐서 실제 커패시턴스 C (측정치)를 구하라.

C (측정치) = ____________________

이후의 실험 과정에서는 지금까지 측정된 커패시턴스 값들을 사용한다. 측정된 커패시턴스 값과 커패시터 상에 표시된 커패시턴스 값을 비교하라. 이들의 차이가 나타내는 바는 무엇인가?

마. 충전 회로 (병렬 커패시터)

(a) 그림 14-12와 같은 회로를 구성하라. 그림 14-12의 오른편 빈칸에, 앞에서 측정된 저항값과 커패시턴스 값들을 기록하라.

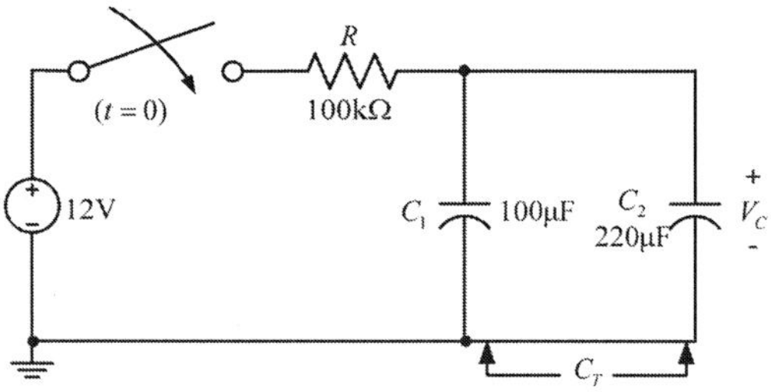

R (측정치) = ________

C_1(계산치) = ________

C_2(계산치) = ________

【그림 14-12】

(b) 측정된 커패시턴스 값들을 사용하여 주어진 회로의 총 커패시턴스를 계산하라.

C_T = ________________

(c) 주어진 회로의 시정수를 구하라.

시정수(τ) = ________________

(d) 총 커패시턴스 C_T 양단에 걸리는 전압에 대한 충전시간(5τ)을 구하라.

충전시간(5τ) = ________________

(e) 시계를 사용하여 스위치가 닫힌 후 표 14-1의 시간 간격마다, 커패시터 양단의 전압 V_C를 측정하여 표 14-1에 기록하라. 또한 $V_R = E - V_C$ 의 관계식을 이용하여 V_R을 계산하여 기록하라. 시간이 지남에 따라 커패시터 양단의 전압이 줄어든다(방전)는 점에 유의하면서 측정한다.

【표 14-1】

t (초)	0	10	20	30	40	50	60	70	80	90
V_C[V]										
V_R[V]										

t (초)	100	110	120	130	140	150	160	170	180	190	200
V_C[V]											
V_R[V]											

(f) 표 14-1의 시간에 따른 V_C와 V_R의 변화를 그래프 14-1 상에 그려라. 이때 각 시간과 전압값을 그래프 상에 표시하고, 1τ부터 5τ 까지 1τ 간격마다의 전압값들도 표시하라.

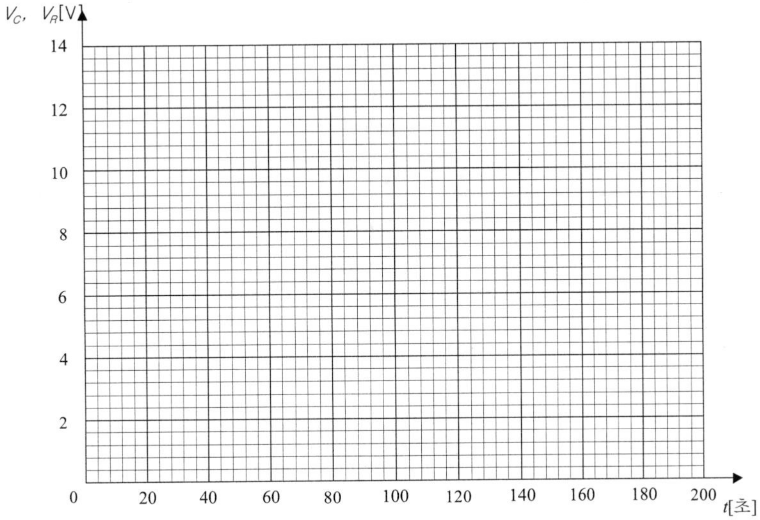

【그래프 14-1】

(g) 1τ 후의 전압 V_C 값은 얼마가 되는지를 그래프 14-1로부터 구하라.

$V_C(1\tau)$ = ____________________

여기서 구한 값이 이론적인 값, 즉 최종치의 63.2%와 유사한지를 밝히라.

(h) 5τ 후의 전압 V_C 값은 얼마가 되는지를 그래프 14-1로부터 구하라.

$V_C(5\tau)$ = ____________________

실험 결과로부터, 5τ 후에는 전압 V_C 값의 변화가 심한 과도상태를 지나 안정화되었다고 결론지을 수 있는가?

(i) 본 실험의 충전 국면에서의 전압 V_C 의 수학적인 순시치 표현식을 구하라.

V_C = ______________________________

전압 V_C 의 수학적인 순시치 표현식으로부터, $t = 25$초에서의 전압 V_C 값(계산치)을 구하라.

$V_C(t = 25$초에서$)$ = ____________________

그래프 14-1로부터, $t = 25$초에서의 전압 V_C 값 (측정치)을 구하라.

$V_C(t = 25$초에서$)$ = ____________________

$t = 25$초에서의 전압 V_C 의 계산치와 측정치를 비교하라.

바. 충전 회로 (직렬 커패시터)

(a) 그림 14-13과 같은 회로를 구성하라. 그림 14-13의 오른편 빈칸에, 앞에서 측정된 저항값들과 커패시턴스 값들을 기록하라.

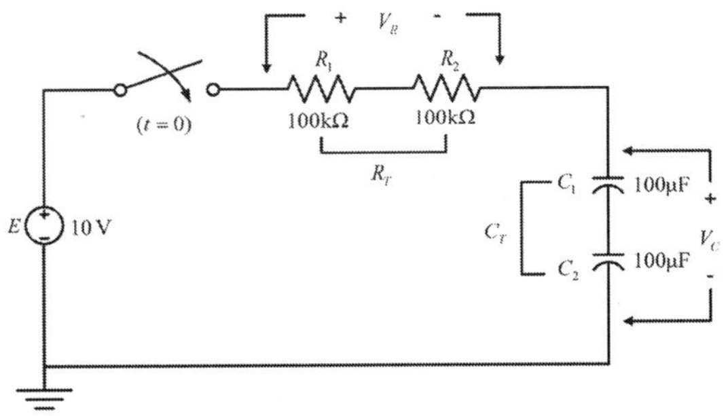

R_1(측정치) = __________

R_2(측정치) = __________

C_1(측정치) = __________

C_2(측정치) = __________

【그림 14-13】

(b) 측정된 저항값들과 커패시턴스 값들을 사용하여 주어진 회로의 총 저항 과 총 커패시턴스를 계산하라.

R_T = ____________________, C_T = ____________________

(c) 주어진 회로의 시정수를 구하라.

시정수(τ) = ____________________

(d) 총 커패시턴스 C_T 양단에 걸리는 전압에 대한 충전시간(5τ)을 구하라.

충전시간(5τ) = ____________________

(e) 시계를 사용하여 스위치가 닫힌 후 표 14-2의 시간 간격마다, 커패시터 양단의 전압 V_C를 측정하여 표 14-2에 기록하라. 또 한 $V_R = E - V_C$ 의 관계식을 이용하여 V_R을 계산하여 기록 하라. 시간이 지남에 따라 커패시터 양단의 전압이 줄어든다(방전)는 점에 유의하면서 측정한다.

【표 14-2】

t (s)	40	45	50	60	70	80	90	100
V_C								
V_R								

(f) 표 14-2의 시간에 따른 V_C와 V_R의 변화를 그래프 14-2 상에 그려라. 이때 각 시간과 전압값을 그래프 상에 표시하고, 1τ부터 5τ 까지 1τ 간격마다의 전압 값들도 표시하라.

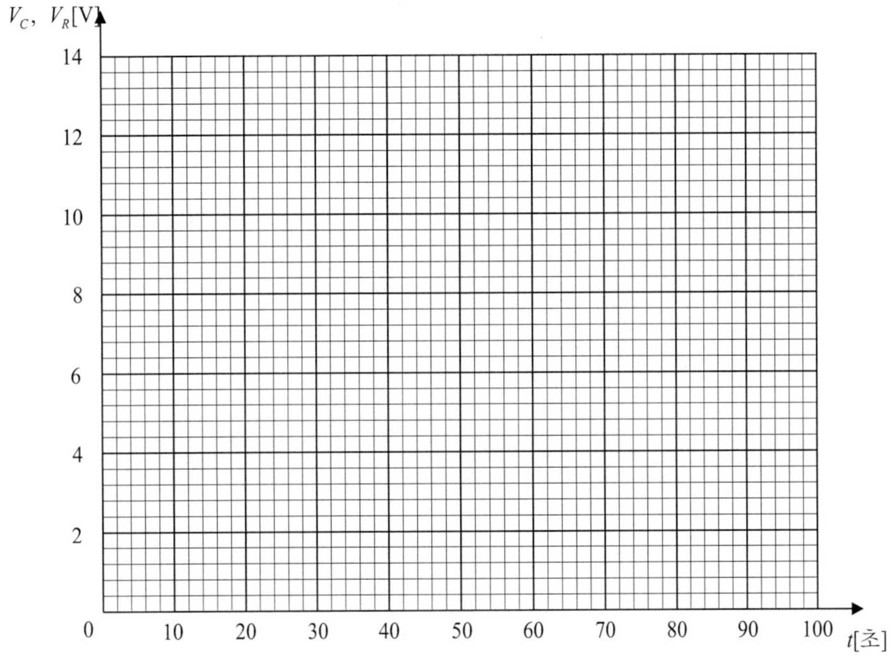

【그래프 14-2】

(g) 1τ 후의 전압 V_C 값은 얼마가 되는지를 그래프 14-2로부터 구하라.

$V_C(1\tau)$ = ____________________

여기서 구한 값이 이론적인 값, 즉 최종치의 63.2% 과 유사한지를 밝히라.

(h) 5τ 후의 전압 V_C 값은 얼마가 되는지를 그래프 14-2로부터 구하라.

$V_C(5\tau)$ = ____________________

실험 결과로부터, 5τ 후에는 전압 V_C 값의 변화가 심한 과도상태를 지나 안정화되었다고 결론지을 수 있는가?

(i) 본 실험의 충전 국면에서의 전압 V_R 의 수학적인 순시치 표현식을 구하라.

V_R = ______________________________

전압 V_R 의 수학적인 순시치 표현식으로부터, $t=0$초에서의 전압 V_R 값 (계산치)보다 50% 감소한 전압 V_R 값이 얻어지는 시간 t 를 구하라.

t = ____________________

그래프 14-2로부터, $t=0$초에서의 전압 V_R 값 (측정치)보다 50% 감소한 전압 V_R 값이 얻어지는 시간 t 를 구하라.

t = ____________________

계산치와 측정치를 비교하라.

사. 테브난의 정리 응용

(a) 그림 14-14와 같은 회로를 구성하라. 그림 14-14의 오른편 빈칸에, 앞에서 측정된 저항값들과 커패시턴스 값들을 기록하라.

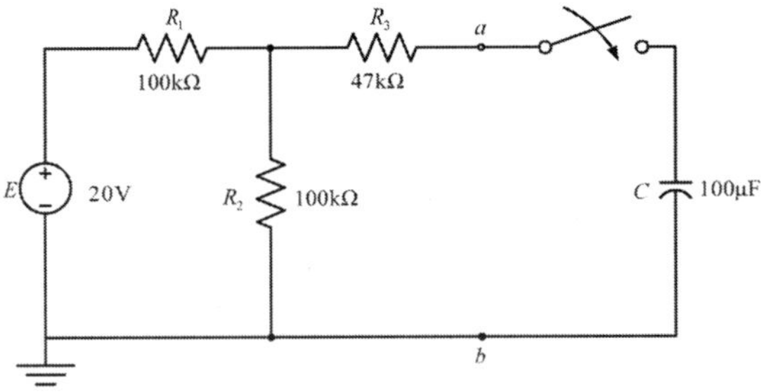

R_1(측정치) = ________

R_2(측정치) = ________

R_3(측정치) = ________

C(측정치) = ________

【그림 14-14】

(b) 테브난의 정리를 사용하여, 커패시터 왼쪽 회로에 대한 단자 a, b에서 들여다본 테브난의 등가저항을 계산하라.

R_{Th} = ____________________

테브난의 정리를 사용하여, 커패시터 왼쪽 회로에 대한 테브난의 등가전압 (즉, 단자 *a, b* 양단에 걸리는 전압)을 계산하라.

E_{Th} = ____________________

(c) 그림 14-14의 스위치와 커패시터 왼쪽 편에 있는 회로에 대한 테브난 등가회로를 아래의 빈칸에 그려라.

(d) 스위치가 닫힌 후에 커패시터 C 양단에 걸리는 전압에 대한 시정수(τ)와 충전 시간(5τ)를 계산하라.

시정수(τ) = ______________________

충전시간(5τ) = ___________________

(e) 본 실험의 충전 국면에서의 전압 V_C 의 수학적인 순시치 표현 식을 구하라. 또한 $t = \tau$에서의 전압 V_C 값 (계산치)을 구하라.

V_C = _____________________________

$V_C(t=\tau)$ = ______________________

(f) 그림 14-14의 회로에서 스위치를 닫고 난 후 $t = \tau$초가 흘렀을 때의 전압 V_C 값 (측정치)을 구하라.

$V_C(t=\tau)$ = ______________________

$t = \tau$초에서의 전압 V_C 의 계산치((e)의 결과)와 측정치((f)의 결과)를 비교하라.

(g) 위의 (e)와 (f)의 결과들은 테브난의 등가회로를 만족할 만큼 충분히 비슷한 값을 보이는가?

실험 15

인덕터 특성과 *RL* 및 *RLC* 직류 회로 실험

1. 목 적

(1) 정상 상태에 있는 직류 회로에서의 인덕터의 특성을 이해하고 실험적으로 검증한다.
(2) 정상 상태의 RL 직렬 및 병렬, RLC 회로의 특성을 이해하고 실험적으로 검증한다.
(3) 직렬 및 병렬 연결된 커패시터들의 총 커패시턴스 계산식을 실험적으로 검증한다.
(4) 테브난 정리를 이용하여, 기본적인 RC 직렬 형태를 가지지 않는 회로 해석을 효과적으로 수행하는 법을 실험적으로 익힌다.

2. 관련 이론

(1) 인덕터

인덕터는 커패시터와 마찬가지로 회수될 수 있는 에너지를 저장하기 때문에 동적(Dynamic) 소자라고도 불리며 에너지 저장소자라고도 알려져 있다.

인덕터는 자기장(Magnetic Energy)의 형태로 자기적인 에너지를 저장하는 수동소자로서 코일로 된 도선으로 이루어진 2단자 소자이다. 인덕터를 통해 흐르는 전류는 인덕터를 구성한 코일을 둘러싸고 있는 폐루프 모양의 자속 ϕ를 생성한다

(암페어의 오른손 법칙). 코일이 N회 감겨 있고, 자속 ϕ가 인덕터를 구성하고 있는 각 코일을 통과한다면, N번 감긴 코일과 쇄교하는 전체 자속 λ는 식 (15-1)과 같다.

$$\lambda = N\phi \tag{15-1}$$

일반적으로 이러한 전체 자속을 자속 쇄교(Flux Linkage)라고 하며, 자속의 단위는 독일의 물리학자 웨버(Wilhelm Weber: 1804-1891)의 이름을 따서 웨버(Weber : Wb)를 사용한다.

선형 인덕터 에서의 자속 쇄교는 소자를 통해 흐르는 전류에 직접 비례하므로, 다음과 같이 나타낼 수 있다.

$$\lambda = Li(t) \tag{15-2}$$

여기서, 비례상수 L의 차원은 Wb/A가 되며, 단위는 미국의 물리학자 헨리(Joseph Henry: 1797~1878)의 이름을 따서 **헨리**(Henry : H)를 사용한다.

식 (15-2)에서 알 수 있듯이, $i(t)$에 비례하여 λ도 증가한다. λ가 증가 하면 N회 감긴 코일에서 전압을 생성한다. 자속이 변화함에 따라 전압이 유기된다는 사실을 헨리가 처음 발견하였으나, 전자기 유도법칙, 즉 전압은 전체 저속의 시간적 변화율과 같다는 사실을 발견한 영국의 물리학자이며 화학자인 패러데이(Michael Faraday: 1791~1867)에 의해서 체계화 되었다. 이것을 수학적으로 표현하면 다음 식 (15-3)과 같다.

$$v(t) = \frac{d\lambda}{dt} \tag{15-3}$$

식 (15-2)를 식 (15-3)에 대입하면 다음 식 (15-4)를 얻는다

$$v(t) = L\frac{di(t)}{dt} \qquad (15\text{-}4)$$

식 (15-4)로부터 알 수 있듯이, 인덕터는 전류의 시간적 변화에 비례하여 인덕터 양단에 걸리는 전압이 변화하는 소자이다. 위의 식 (15-4)로부터 인덕터가 가지는 중요한 특성들을 얻어낼 수 있다. 즉, 인덕터를 통해 흐르는 전류가 증가하거나 감소하는 경우에만 인덕터 양단에 전압이 유기되며, **인덕터를 통해 직류 전류가 흐르면(즉, 전류값이 변화하지 않고 일정한 정상상태의 전류)이 걸리면 인덕터는 단락회로로 동작한다**. 또한 인덕터를 통해 흐르는 전류가 갑자기 변화하면 식 (15-4)에서 알 수 있듯이 인덕터 양단에 걸리는 전압이 무한대가 되는 현상이 발생하므로, **인덕터를 통해 흐르는 전류는 갑자기 변화할 수 없다**.

식 (15-4)로 표현되는 인덕터의 회로 기호 및 인덕터를 흐르는 전류의 방향 및 양단에 걸리는 전압의 극성 사이의 관계는 그림 15-1에 보이는 것과 같다.

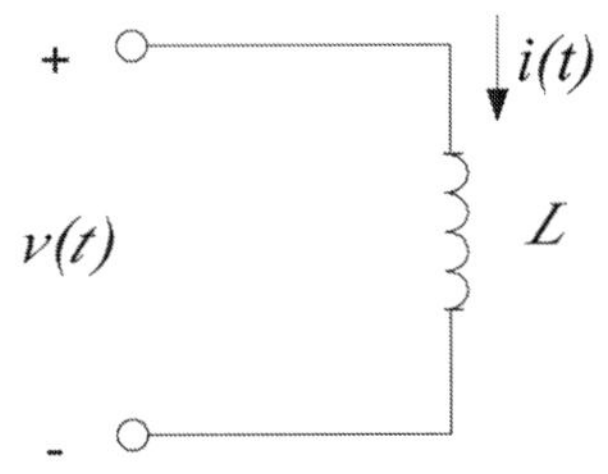

【그림 15-1】

인덕터를 통해 흐르는 전류 $i(t)$는 인덕터 코일 권선을 통과하는 자속 쇄교 λ를 생성한다. 커패시터의 평판 사이의 전하 이동을 위해서 에너지가 필요한 것과 같이, 인덕터에 자속 ϕ를 생성시키기 위해서는 외부 회로에서 에너지의 공급이 필요하며, 이 에너지가 자기장 내에 저장되는 것이다. 이와 같이 자기적 에너지 형태로 인덕터에 저장되는 에너지[주울(Joule: J)]는 다음 식 (15-5)와 같이 얻어진다.

$$W = \frac{1}{2}LI^2 \qquad (15\text{-}5)$$

한편, N 개의 인덕터를 직렬로 접속한 회로의 등가 인덕턴스(총 인덕턴스)는 다음 식 (15-6)과 같이 얻어진다.

$$L_T = L_1 + L_2 + L_3 + \dots + L_N \tag{15-6}$$

이는 여러 개의 저항들을 직렬로 연결한 총 저항을 구하는 형태와 동일하다.

또한, N 개의 인덕터를 병렬로 접속한 회로의 등가 인덕턴스(총 인덕턴스)는 다음 식 (15-7)과 같이 얻어진다.

$$\frac{1}{L_T} = \frac{1}{L_1} + \frac{1}{L_2} + \frac{1}{L_3} + \dots + \frac{1}{L_N} \tag{15-7}$$

이는 여러 개의 저항들을 병렬로 연결한 총 저항을 구하는 형태와 동일하다.

(2) *RL* 회로의 충전 국면

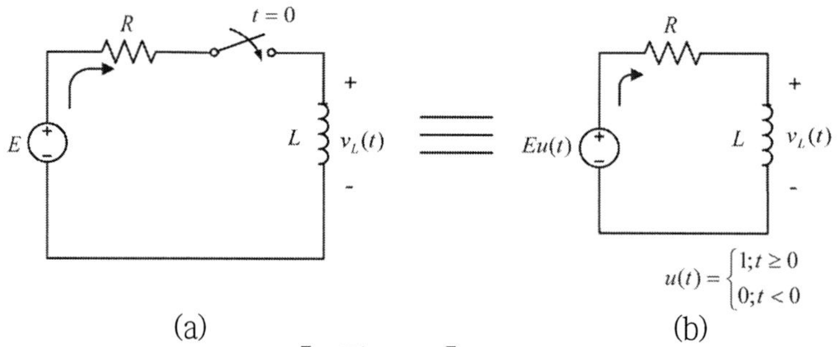

【그림 15-2】

그림 15-2(a)의 회로에서 오랜 시간 동안 스위치가 열려 있다가, $t=0$ 순간에 스위치가 닫히면서 정전압원과 인덕터가 연결되었다. 이와 같은 그림 15-2(a)에서의 스위칭 현상을 그림 15-2(b)에서와 같이 단위 계단함수 $u(t)$를 도입하여 동일하게 나타낼 수 있다.

(가) $i(t)$

인덕터의 특성상 인덕터를 통해 흐르는 전류는 갑자기 변화할 수 없으므로, 스위치가 닫히기 직전과 직후의 전류값은 같다. 따라서 스위치가 닫히기 직전에 인덕터를 흐르고 있던 전류값이 I_0 였다면, 스위치가 닫힌 직후의 전류의 초기치는 다음과 같이 얻어진다.

$$i(0^-) = i(0^+) = i(0) = I_0$$

$t \geq 0$ (i.e., 스위치가 닫힌 후)에서,

$$E = Ri + L\frac{di}{dt} \tag{15-8}$$
$$\Rightarrow \frac{di}{dt} = \frac{-Ri+E}{L} = -\frac{R}{L}(i - \frac{E}{R})$$

식 (15-8)을 풀면 식 (15-9)와 같이 충전 국면에서의 전류 $i(t)$의 순시치 표현식을 구할 수 있다.

$$i(t) = \frac{E}{R} + (I_0 - \frac{E}{R})e^{-\frac{R}{L}t}, \qquad t \geq 0 \tag{15-9}$$

식 (15-9)은 다음과 같은 수식으로 부터도 구해질 수 있다.

$$i(t) = I_f + (I_i - I_f)e^{-\frac{t}{\tau}} \tag{15-10}$$

최종치 I_f는 그림 15-2에서 인덕터의 특성을 이용하면, 굉장히 오랜 시간이 흐른 정상 상태에서의 전류의 흐름은 일정하므로 인덕터는 단락회로와 같이 작용하므로 $I_f = \frac{V_s}{R}$이 된다. 그리고 식 (15-9)와 (15-10)을 비교하면, 시정수 τ 는

$\tau = \dfrac{L}{R}$이 된다.

식 (15-9)로 부터, $i(0) = 0$ 라면

$$i(t) = \frac{E}{R}(1 - e^{-\frac{R}{L}t}), \quad t \geq 0 \qquad (15\text{-}11)$$

식 (15-9) 또는 (15-10)으로부터 RL 회로의 충전국면의 응답 분석을 위해서는

- 인덕터 양단의 초기 전압(초기전류) 및 최종전압(최종전류)
- 회로의 시정수

를 구해낼 수 있어야 한다.

한편, 충전국면에서의 시정수를 살펴보면 다음과 같다. 충전 국면에서의 시정수는 전류 및 전압의 감쇄율 또는 증가율의 척도, 즉 초기전류의 e^{-1}(=0.368) 이 되는 시간 또는 최종전압의 1-e^{-1}(=0.632) 이 되는 시간을 의미한다. 시정수가 커질수록, 전압 또는 전류의 최종치에 늦게 도달한다. 실제적 관점에서, 시정수의 5배 시간 후의 전류나 전압값은 최종치에 도달한 것으로 취급한다.

식 (15-9) 또는 (15-10)으로부터 RL 회로의 충전국면의 전류의 순시치 변화를 그림으로 표현하면 그림 15-3과 같다.

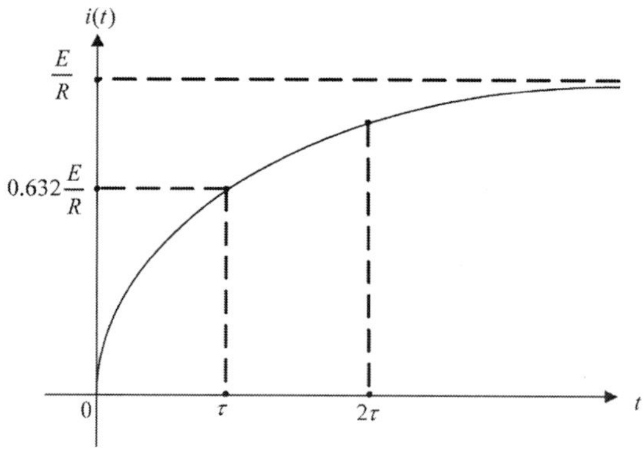

【그림 15-3】

(나) $v_L(t)$ 및 $v_R(t)$

먼저 전압의 초기조건을 구해본다. 만일 스위치가 닫히기 직전 인덕터 양단의 전압값 $v_L(0^-)$이 $v_L(0^-)=0$이라면, 스위치가 닫힌 직전 인덕터 양단에 걸리는 전압 $v_L(0^+)$은 $v_L(0^+)=E-I_0R$이 된다. 또한 인덕터 양단의 전압의 최종치는 인덕터의 특성상 정상상태에서의 인덕터 양단의 전압은 0이 된다. 따라서 식(15-10)을 적용하면 인덕터 양단의 전압은 식(15-12)와 같이 구해진다.

$$v_L(t) = (E - I_0R)e^{-\frac{R}{L}t} \tag{15-12}$$

식 (15-12)는 식 (15-4)로부터 다음과 같이 얻어질 수도 있다.

$$\begin{aligned} v_L(t) &= L\frac{di}{dt} = L(-\frac{R}{L})(I_0 - \frac{E}{R})e^{-\frac{R}{L}t} \\ &= (E - I_0R)e^{-\frac{R}{L}t} \end{aligned}$$

여기서, 전류의 초기치가 $I_0 = 0$ 라면, 식 (15-12)는 식 (15-13)과 같이 된다.

$$v_L(t) = Ee^{-\frac{R}{L}t}, \quad t \ge 0 \tag{15-13}$$

식 (15-13)으로부터 RL 회로의 충전국면에서의 인덕터 양단 전압의 순시치 변화를 그림으로 표현하면 그림 15-4와 같다. 여기서 알 수 있듯이 오랜 시간이 흐른 후에는 인덕터 양단의 전압은 0에 가까워지므로 정상 상태에 이르면 인덕터는 단락회로와 같이 된다.

한편 저항 양단의 전압 $v_R(t)$은 다음과 같이 구해진다.

$$v_L(t) = E - Ee^{-\frac{R}{L}t} = E(1 - e^{-\frac{R}{L}t}) \tag{15-14}$$

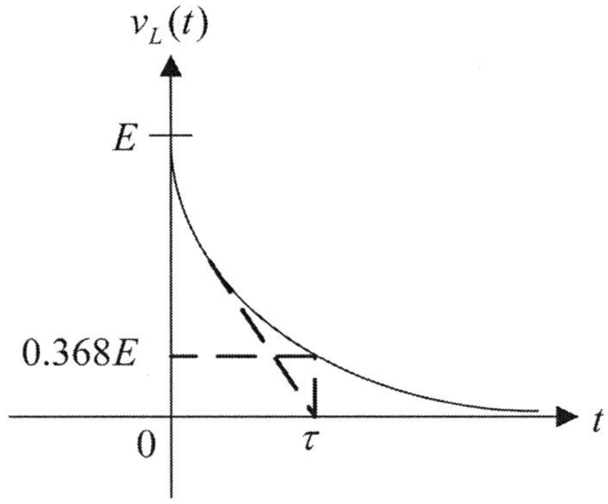

【그림 15-4】

실험실에서 사용되는 인덕터는 그림 15-5에 보이는 것과 같이 두 종류가 있다. 왼쪽 인덕터는 리드 인덕터형 형식으로 저항과 같은 형상을 하고 있어, 인덕터에 있는 색 띠를 읽는 방법은 저항에서 사용된 것과 동일하며 인덕턴스 값을 계산하는 법도 동일하다. 오차를 표시하는 금색 또는 은색의 색 띠는 측면에 위치해 있는데, 이 부분을 오른쪽에 오게 한 후 나머지 3개의 색 띠를 저항값 읽는 법과 동일하게 읽으면 된다(제 1장 참조). 이때 사용되는 단위는 μH 이다. 오른쪽 인덕터는 Radial 인덕터로 위에 숫자가 표시되어 있다. 정방향으로 숫자를 읽어서 저항값 읽는 법과 동일하게 읽으면 된다. 이 인덕터는 오차를 표시하는 숫자가 없고, 이때 사용되는 단위는 오른쪽 인덕터와 마찬가지로 μH 이다.

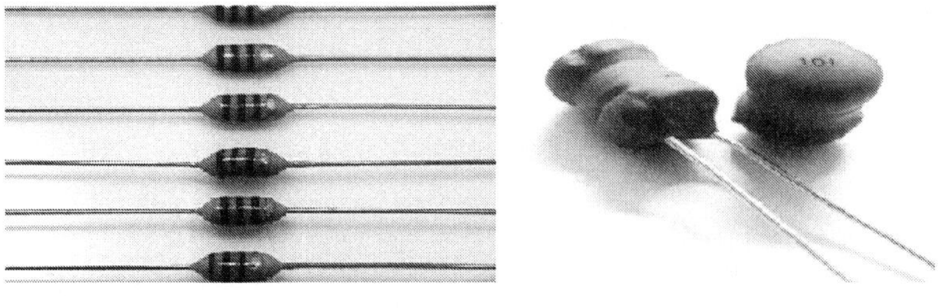

【그림 15-5】

예를 들면 그림 15-5의 리드 인덕터와 같이 갈색, 적색, 적색, 금색순으로 보았을 때, 리드 인덕터의 크기는 $L = 12 \times 10^2 \mu\mathrm{F} = 1.2\mathrm{mH}$ 가 된다.

그림 15-5의 Radial 인덕터는 103의 숫자를 가지는 인덕터의 크기는 $L = 1 \times 10^4 \mu\mathrm{H} = 10\mathrm{mH}$가 된다.

3. 실험 예비 문제

실험명	인덕터 특성과 *RL* 및 *RLC* 직류 회로 실험								
학과		학년		학번		조		성명	
작성 일자			실 험 예정일			담당 교수		담당 조교	

(1) 자동차 점화 플러그를 구성하는 점화 코일(인덕터)가 10H의 인덕턴스를 가진다고 할 때, 0.5ms 동안에 전류가 5A가 흐르는 점화플러그에 유기되는 전압은 얼마인지를 계산하라.

v_L = ______________________

(2) 그림 15-6의 회로에서 스위치가 닫힌 후 인덕터를 통해 흐르는 전류와 인덕터 양단에 걸리는 전압 v_L의 순시치 표현식을 구하라.

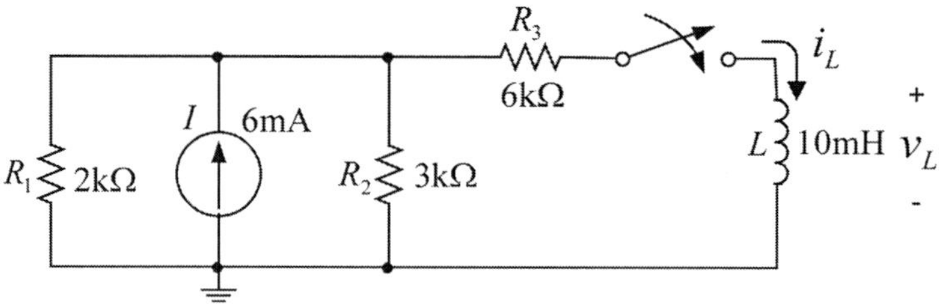

【그림 15-6】

i_L= ____________________

v_L= ____________________

(3) 그림 15-6의 회로에서 시정수(Time Constant)를 계산하고, 시정수가 의미하는 바를 기술하라.

4. 실 험

실험명	인덕터 특성과 *RL* 및 *RLC* 직류 회로 실험								
학과		학년		학번		조		성명	
실험 일자			작성 일자			담당 교수		담당 조교	

(1) 사용기기 및 부품

측정계기 : 디지털 멀티미터(DMM) 1대
직류 전원 공급기 1대

저 항 기 : 500Ω, 1kΩ, 2.2kΩ, 5kΩ 1/4W (탄소) 저항기 각 1개
커패시터 : 50V 1μF 1개
인 덕 터 : 10mH 1개
스 위 치 : 1개

(2) 실험과정

가. 직렬 *RL* 직류 회로

(a) 그림 15-7과 같은 회로를 구성하라. 그림 15-7의 오른편 빈칸에 각 저항값(R_l 값 포함)을 저항계로 측정하여 기록하라.

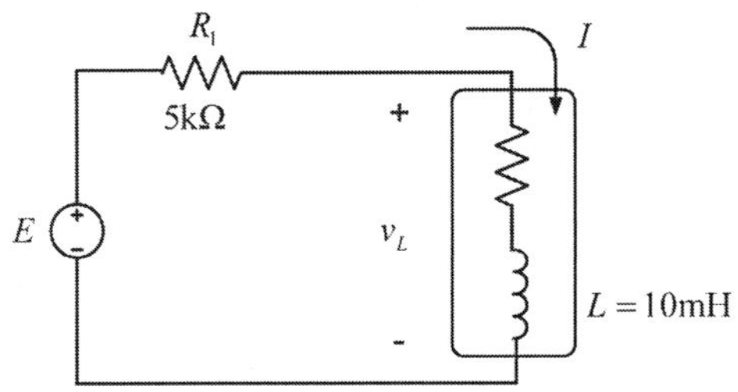

R_1(측정치) = ________

R_l(측정치) = ________

【그림 15-7】

(b) 정상 상태(시정수의 5배 이상의 시간이 지난 상태)의 전류 I 및 전압 V_L 을 계산하라.

$5\tau = 5\dfrac{L}{R} = 5\dfrac{(10\times 10^{-3})}{5k\Omega} \cong 10us$ 이므로, 전원인가와 거의 동시에 회로는 정상상태에 도달하게 됨에 유의한다.

I = ________________, v_L = ________________

(c) 전압 v_L을 측정하고, 5kΩ 저항 양단의 전압 측정 결과와 옴의 법칙을 이용하여 전류 I 를 계산하라 (여기서 사용하는 저항값들은 측정치를 이용한다).

I = ________________, v_L = ________________

(d) 옴의 법칙($R_l = \dfrac{v_L}{I}$)을 이용하여 R_l 을 계산하라.

R_l = ____________________

(e) 이렇게 계산된 R_l값을 DMM의 저항계 기능을 사용하여 측정된 값과 비교하라.

(f) 실제적인 인덕터가 $R_l = 0\,\Omega$을 가진다고 하여도 무방한지를 설명하라.

나. 병렬 RL 직류 회로

(a) 그림 15-8과 같은 회로를 구성하라. 그림 15-8의 오른편 빈칸에, 각 저항값(R_l 값 포함)을 저항계로 측정하여 기록하라.

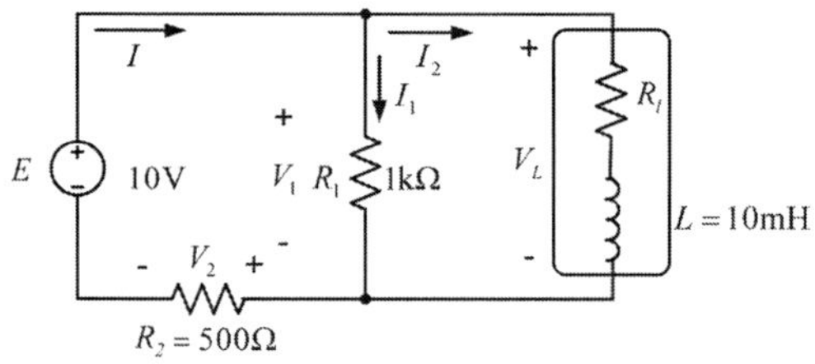

R_1(측정치) = ____________

R_2(측정치) = ____________

R_l(측정치) = ____________

【그림 15-8】

(b) 이상적인 인덕터($R_l = 0\,\Omega$)을 가정하고, 측정 저항값들을 사용하여 전류 I, I_1, I_2를 계산하라.

I = ____________________

I_1 = ____________________

I_2 = ____________________

(c) 전원을 켠 후 전압 V_1, V_2를 측정하라. 또한 옴의 법칙을 이용하여 전류 I, I_1을 계산하고, 키르히호프의 전류법칙을 이용하여 전류 I_2 를 계산하라.

V_1 = ____________________

V_2 = ____________________

I = ____________________

I_1 = ____________________

I_2 = ____________________

그리고 여기서 구한 전류값들을 (b)에서 구한 결과값(이상적인 인덕터($R_l = 0$ Ω)을 가정)과 비교하라.

(d) 측정된 R_l값과 V_L을 사용하여, 전류 I_2 을 재계산하라.

I_2 (측정 R_l값 사용) = ____________________

(e) 그리고 여기서 구한 전류값을 (b)에서 구한 결과값들과 비교하라.

(f) 지금까지의 결과들을 바탕으로, 계산과정에서 이상적인 인덕터 ($R_l = 0\,\Omega$)을 가정하는 것이 타당한지를 기술하라.

다. 직병렬 RLC 직류 회로

(a) 그림 15-9와 같은 회로를 구성하라. 그림 15-9의 오른편 빈칸에, 각 저항값(R_l 값 포함)을 저항계로 측정하여 기록하라.

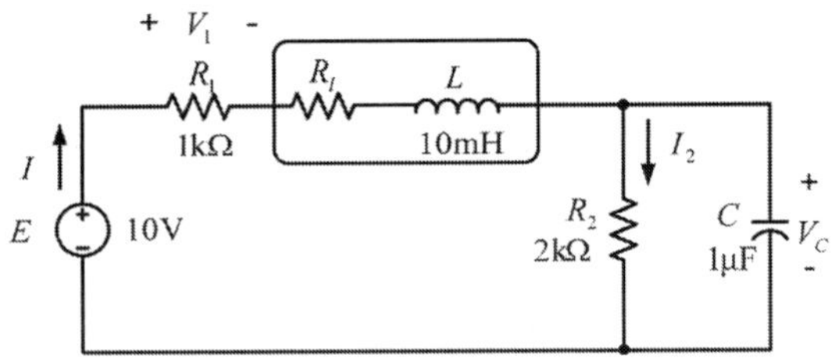

R_1(측정치) = ____________

R_2(측정치) = ____________

R_l(측정치) = ____________

【그림 15-9】

(b) 이상적인 커패시터, 인덕터라고 가정하고 측정 저항값들을 사용하여, 전류 I, I_2 및 전압 V_C를 계산하라.

I = ______________________, I_2 = ______________________,

V_C = ______________________

(c) 전원을 켠 후 전압 V_1, V_C를 측정하라. 또한 옴의 법칙을 이용하여 전류 I, I_2 를 계산하라.

V_1 = ____________________

V_C = ____________________

I = ____________________

I_2 = ____________________

그리고 여기서 구한 전류 및 전압값을 (b)에서 구한 결과값들과 비교하라.

(d) 커패시터와 인덕터에 저장된 에너지들을 계산하라.

W_C = ____________________, W_L = ____________________

직류회로 이론 및 실험

2012년 3월 5일 초 판 발행
2017년 2월 28일 개 정 판 발행
2020년 3월 1일 신개정판 발행

저 자 이 일 근

발행처 한남대학교 출판부(글누리)
34430 대전광역시 대덕구 한남로 70(오정동)
전화 042-629-7536
전송 042-629-7264
인 쇄 바 름
전화 042-628-2412
ISBN 978-89-7066-395-1 93560

정 가 16,000원